네 맛대로
살아라

네 맛대로
살아라

전호용 지음

틀에 박힌 레시피를 던져버린 재야 셰프,
전호용의 맛있는 인생잡설

북인더갭
BOOKintheGAP

『네 맛대로 살아라』는 2015년 5월부터 2016년 8월까지 『한겨레21』에 연재했던 음식에 관한 칼럼 '어정밥상 건들잡설'과 다섯 편의 새로운 글을 더해 만들어진 책이다. 『한겨레21』로부터 연재를 부탁받았던 시기는 식재료에 관한 사사로운 견해를 묶어낸 책 『알고나 먹자』가 출간된 직후였다. 음식에 대한 이야기를 일반적이지 않은 시각으로 풀어주길 바라는 요청이었지만 더이상 음식 이야기는 하고 싶지 않았다. 『알고나 먹자』에서 이미 충분히 서술한 데다 『딴지일보』에 연재했던 『야만인을 기다리며』(가제)라는 여행기를 통해서도 다양한 방식으로 이야기한 후의 제안이라 같은 말을 반복하는 일이 될 것 같았기 때문이다. 그러던 차에 영화감독 구로사와 기요시가 떠올랐고 그에게 영감을 받아 연재를 시작했다.

구로사와 기요시는 「큐어」 「도플갱어」 「밝은 미래」 「도쿄소나타」와 같은 B급 호러영화 혹은 장르를 규정지을 수 없는 이상한 영화를 만들어온 일본의 중견감독이다. 지금은 그가 제시한 새로운 영화언어가 영화계에 널리 알려져 있지만 「큐어」로 세상에 알려지기 전까진 괴짜에 지나지 않았다. 그는 유년기부터 단편영화를 만들며 영화감독의 꿈을 키워왔지만 기회는 쉽게 찾아오지 않아 한동안 포르노 영화를 만들기도 했는데 포르노 영화 제작자(닛가츠 영화사)가 구로사와 기요시에게 했던 제안은 단순한 것이었다.

"70분짜리 영화에 섹스 장면이 다섯 번 이상만 들어가면 돼. 그리고 나머지는 너 알아서 찍어."

구로사와 기요시는 제작자의 요청대로 섹스 장면이 다섯 번 이상 들어가는 포르노 영화를 찍었는데 그 안에서 호러, 미스터리, 코미디, 멜로, SF를 비롯한 다양한 장르를 뒤섞고 찢어발기며 마음껏 실험할 수 있었고 이때의 자유로운 실험이 자신의 영화 스타일을 만들었노라고 말했다.

『한겨레』의 제안은 포르노 제작자의 제안처럼 들렸다. 소재가 음식이라면 내용은 작가의 역량에 맡긴다는 제안은 매력적인 것이었다. 구로사와 기요시와 내가 다른 점이 있다면 나는 작가의 꿈을 꾸는 사람이 아니라는 점이었다. 단지 생각나는 것을 『딴지일보』에 적어나갔던 『알고나 먹자』가 책이 될 때도 기쁨보다는 의아함이 앞섰는데 칼럼을 써달라니…. 제안은 칼럼이었지만 처음부터 칼럼이란 '장르'는 머릿속에 없었다. 느슨한 테두리 안에서 내면의 흐름을 다양한 방식으로 표현해야겠다는 생각으로 '어정밥상 건들잡설'이란 제목을 짓고 첫 글 「미나리연연」을 썼다. 말하자면 '어정밥상 건들잡설'의 '어정밥상'은 형식이고 '건들잡설'이 주 내용인 것이다. 또한 주변에 차고 넘치는 그 못난 것들에 대한 이야기를 나라도 기록해줘야 하지 않을까 하는 생각도 하게 되었다. 나 자신부터 못나디 못났지만 나와 만나는 그녀 또한 못나디 못났고, 글에 자주 등장하는 내 어미 또한 지독하게 못났을 뿐만 아니라 내 주변에서 살아가는 사람들 대부분이 이 시대를 살았었는지도 모를, 기억해주는 이 아무도 없는 못난 사람들이어서 그들에 대한 이야기도 한마디 남기고 싶었다. B급의 품위는 못난 것들을 못나고 볼품없는 언어로 깊이깊이 품어 서로의 설움을 달래는 데 있지 않을까. 싸구려로 무장해 세련됨을 파괴하는 데 있지 않을까. 그래서 나는 여전히 B급을 사랑하고 거칠고 투박한 B급 언어로 이야기한다.

'칼럼'이라는 짐짓 그럴싸한 형식과 위엄을 사투리와 욕설과 이해 못할 문장과 받아들이기 거북한 주제들로 버무려 끌어내렸다. 이러한 행위는 나 자신을 파괴하는 행위이기도 할 테지만 『한겨레』의 권위를 추락시키는 일이기도 해서 언제고 해고를 통보받을 법도 했는데 『한겨레』는 1년이 넘도록 내 글을 계속해서 받아주었다. 감사하기보단 고집이 참 쎄구나,라는 생각이 우선 든다. 또한 이런 글을 책으로 엮자고 제안한 북인더갭의 안병률 대표도 의아하긴 마찬가지다. 거칠고 사나운 글에서 따뜻함을 느꼈다니 B급을 사랑한 포르노 제작자임이 분명하다. 그 혜안(?)에 감사드린다.

글은 수많은 형식들을 끌어들여 비틀고 뒤섞어놓았다. 주제는 일관되지만 형식은 중구난방이다. 이게 소설인지, 시인지, 산문인지, 에세이인지, 칼럼인지 구분하기 힘들고 단락과 단락이 아무런 연관성 없는 이야기들로 이어지기도 하지만 다 읽고 나면 무슨 소린지 이해는 간다는 글들이 태반이다. 가령 「은하의 물고기들」과 같은 이야기는 이게 도대체 무슨 이야기인지 모르겠다는 사람들이 많았고, 『한겨레』에서도 화자를 표기하자고 제안했다. 그래서 단락마다 화자를 표기했지만 책에는 표기하지 않았다. 이 글은 다양한 인물들의 다양한 이야기일 수 있지만 내가 지어낸 다양한 사람들의 목소리이므로 한 사람(나)의 이야기로 읽는 것이 좋다. 그렇다 하더라도 그 안에는 다양한 사람들의 전언과 소망이 담겨 있다. 따라서 「은하의 물고기들」은 시에 가깝다. 그러므로 이 글에서 화자를 구분 지으려는 노력은 매우 헛된 짓이다. 글 전체를 하나의 목소리로 읽으시길 바란다. 또한 「스스로 살아가기 마련이다」와 같은 글은 문단과 문단을 연결 지어 읽기 불편하게 써진 글이다. 삐거덕거리며 세상에 적응하지 못하고 털털거리며 살아가는 두 인생의 이야기가 유려한 문장으로 부드럽게 표현되어서는 안 된다고 생각했다. 단어와 문장과 단락이 뚝뚝 끊어지고 시간을 급작스럽게 뛰어넘다보니 읽기에 불편하다. 어쩌면 이러한 글이 태반이다. 대체로 삐거덕거리며 살아가는 못난 삶들을 이야기에 담았으므로 형식 또한 그래야 한다고 생각했다.

연재를 하는 동안 단 한 편도 쉽게 씌어진 글이 없었다. 2년 가까이 글을 쓸 때마다 끙끙거렸는데 그때마다 흔들리는 마음을 지켜주고 주제와 형식에 대한 토론을 지치지 않고 이어나가준 사람은 '그녀' 서윤이다. 나의 위대한 스승이자 도반인 서윤에게 이 글을 빌려 다시 한번 깊이 감사드린다. 존경할 수 있는 사람을 곁에 두고 친구이자 연인으로 생을 함께 살아갈 수 있다는 것은 저 높은 깨달음의 경지에 이르는 것보다 값지다.

차례

책 머리에 5

1부 네 맛대로 먹어라

미나리연연(戀戀) 15

여럿의 무심함을 먹고 자라는 콩나물 24

솜이불 34

네 맛대로 먹어라 39

통증 48

닭의 모가지를 비틀던 새벽 58

용숙이 67

사람의 냄새 77

파는 밥에 담은 진심 함량 87

고래의 도약 94

은하의 가난한 물고기들 101

개구리곰탕 110

밝은 미래 117

2부 맛의 스펙트럼

마음 쓰인다, 이 못난 것들 127

바다에서 133

아버지들이여 식사하시라 144

안수정등(岸樹井藤)─달(甘)다 151

세상의 모든 외로운 영혼들이여 158

김치의 맛 165

미역국의 기적 172

부끄러움을 가르칩니다 179

그리고 기다릴 것이다 186

맛의 스펙트럼 194

행복하십니까 201

일 잘하는 사내 208

3부 어정칠월 건들팔월

서울발 지방통신 217

단무지 227

개떡 234

스스로 살아가기 마련이다 241

위야 오늘은 좀 쉬자 248

합리 255

오! 똥이여, 향기로운 순환이여 261

향기로운 노년의 꿈 268

빤쓰 벗고 덤벼라 274

빈부빈부(貧夫貧富) 280

대한민국 원주민의 여름 287

마당쇠 293

어정칠월 건들팔월 302

1부

네 맛대로 먹어라

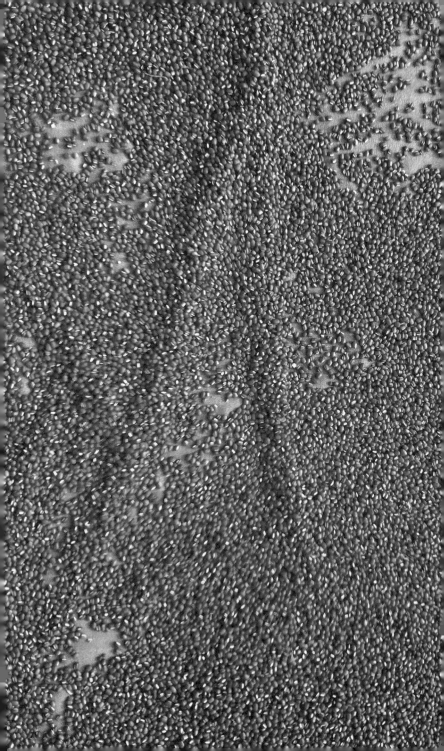

미나리연연(薇薇戀戀)

땅바닥에 납작 엎드려 눈서리 견뎌낸 시금치에 봄볕이 내려앉자 단단한 줄기를 밀어올리고 꽃을 피우기 시작했다. 우리가 시금치라 부르는 푸른 잎은 시금치의 어린 싹이거나 늙은 모습으로 태어나 점점 젊어지다 아기가 되어 죽음을 맞는 영화 속 주인공 벤자민 버튼 같은 존재들이다. 이제 막 싹을 틔운 어린 섬초는 모진 추위를 견뎌내느라 늙은이 같은 주름과 굴곡을 여린 잎에 새긴다. 그 '견딤'은 사람의 입에 달다.

4월 중순 무렵 채소가게 아저씨가 배달해준 시금치 박스 안에는 줄기에서 뜯어낸 푸른 시금치가 담겨 있었다. 잎은 부드러웠지만 줄기는 데쳐도 여전히 질겼고 사이사이 꽃이 맺혀 있는 것도 있었다.

'그동안 고마웠다, 시금치. 이제 잘생긴 브래드 피트가 될 시간이구나.'

4월이 지나 5월로 접어든 지금, 사람 손을 타지 않을 시금치는 단단한 줄기를 밀어올리고 꽃을 피우고 가시 돋친 건실한 씨앗을 맺을 것이다. 이것이 시금치다. 다 자라 열매를 맺은 시금치는 외줄기 벼보다 아름답다. 노려보는 사자를 그윽한 시선으로 마주보는 코뿔소만큼이나 당당하다. 씨앗을 맺었다 하여 고개 숙이지 않고 나이 들었다 하여 허리 굽히지 않는다.

사람들은 이렇게 뻣뻣해진 나물을 보고 '쇠(衰)었다'고 말하며 혀를 차지만 시금치 입장에서 보자면 모진 유년기를 견뎌내고 비로소 연(姸)해진 것이니 혀를 찰 일은 아니다. 오히려 겨우내 고맙고 미안했다는 인사를 전하고 장성하여 꽃을 피우고 씨앗을 맺어낸 것에 갈채를 보낼 일이다. 모든 식물이 씨앗을 맺는 일은 인간에게 결국 축복이다.

시금치는 더이상 도시락에 담을 수 없을 것 같아 채소가게에 들러보았더니 거친 숨을 몰아쉬는 혈기왕성한 불미나리와 보고만 있어도 미소가 배어나오는 돌미나리가 진열되어 있었다. 날것으로 초장을 찍어 먹거나 샐러드·초무침·회무침에 넣기에는 살아서 벌떡거리는 불미나리가 좋고, 데쳐 나물로 무치거나 탕에 넣어 먹기에는 돌미나리가 제격이다. 겨우내 입맛을 살려주었던 굵고 아삭한 물미나리는 4월이 되면 시금치처럼 자라나 사람이 탐낼 만한 것이 되지 못한다. 나는 나물을 무쳐 도시락에 담아낼 요량이었으므로 돌미나리를 선택했다.

"미나리가 참 좋아요. 성하고 잡티도 없고. 미나리라는 게 잡티가 많아 손이 많이 가는 것인데 이리도 곱게 다듬어놓았을까."

종이박스 안에는 참빗으로 빗질한 그녀의 머리카락처럼 곱디고운 미나리 한아름이 가지런히 담겨 있었다.

"요새 미나리가 참 좋아요. 손질할 것도 없이 깨끗하고 가격도 저렴하고."

"가격은 어떻게 해요?"

"싸요. 박스당 7천원."

'아….'

그 고운 돌미나리 한아름 몸값이 7천원.

품이 들지 않는 농산물이 세상 어디에 있겠느냐만 미나리만큼 잔손질이 많이 가고 복우리는(답답하고 화나게 하는) 농산물도 그리 많지 않을 것이다. 가닥가닥 붙은 누런 잎을 떼어내고(물 묻어 찰싹 달라붙은 누런 잎은 더더욱 떼어내기가 지랄이다), 거머리 떼어내고, 잔뿌리 떼어내고, 진흙을 씻어내야 비로소 한줄기 미나리가 되는 것인데 박스 안에는 천 가닥 정도의 미나리가 담겨 있었다. 그저 미나리는 저 알아서 난 것이라 쳐서 값을 제한다 하더라도 그 수천번의 손길 값이 단돈 7천원이라니. 도매상에서 판매하는 값이 7천원이라면 산지 가격은 3천원 미만일 것이 분명했다.

나는 지난해 이 무렵 섬진강변에서 살았다. 산에선 이제 막 움을 틔운 고사리·취나물·곰취·두릅 등을 거둬 먹었고, 물가에선 다슬기·재첩·메기·빠가사리·자라 등을 잡아먹고 살았다. 그 중간, 그러니까 지리산과 섬진강이 닿는 개울가에선 돌미나리를 뜯어 먹었다. 하늘하늘한 미나리가 빼곡히 고개 든 돌미나리 군락을 발견하고는 얼마나 반가웠던지. 비린 민물고기 먹기가 여간 사나운 것이 아니었는데 향긋한 미나리 한줌이 있어 그 비린 맛을 견뎌내고 목숨을 부지할 수 있었다. 채소 가게에서 미나리 박스를 여는 순간 그날의 기억이 떠올라 눈이 저절로 가늘어지고 입가에 미소가 번졌지만 7천원이란 말에 이내 한숨이 터져나왔다. 그 미나리 한줌 뜯고 다듬어 솥에 넣어 끓이기까지의 과정이 얼마나 지난했던가. 그런데 이 많은 미나리 한아름이 겨우 7천원이라니.

아비가 죽던 해에 별수 없이 귀향을 해야만 했다. 그때도 이 무렵이었다. 빗물, 개숫물, 정화조에서 흘러나오는 구린 물이 한데 모여 흘러가는 좁은 도랑에 미나리가 자리를 잡더니 몇 년이 흐르자 그해에는 제법 몸집을 불려 마른땅 위로도 뿌리

가닥가닥 붙은 누런 잎을 떼어내고, 거머리 떼어내고, 잔뿌리 떼어내고,

진흙을 씻어내야 비로소 한줄기 미나리가 되는 것인데 박스 안에는

천 가닥 정도의 미나리가 담겨 있었다. 그저 미나리는 저 알아서 난 것이라 쳐서

값을 제한다 하더라도 그 수천 번의 손길 값이 단돈 7천원이라니.

를 뻗고 있었다. 도랑물에 뿌리와 줄기를 담그고 살아가는 미나리는 겨울에도 줄기를 거둬 먹을 수 있는 물미나리고, 진흙에 뿌리를 내린 미나리는 겨울에는 숨을 죽였다가 봄바람이 살랑 불기만 하면 싹을 틔우는 돌미나리다. 마른땅에 뿌리를 내린 불미나리는 촉촉이 봄비가 내리고 나서야 뒤늦게 땅을 밀고 올라왔다. 같은 자리 같은 뿌리에서 자라난 미나리지만 뿌리내린 터에 따라 모양이 달라지고, 먹을 수 있는 계절이 달라지고, 불리는 이름이 달라진다.

아비는 미나리 향을 싫어했다. 미나리뿐만 아니라 풋내나는 것들은 대부분 싫어해서 어미는 밥상 위에 풋것을 올리지 않았다. 지천에 널린 것이 미나리를 비롯한 풋것이었지만 내가 처음 미나리를 밥상 위에서 맞이한 것은 중학생 때였다. 그래서였을까. 아비가 기력을 잃어가고 죽음을 맞이할 무렵엔 밭고랑에 터를 잡고 성해가는 미나리 군락이 예사롭게 보이지 않았다.

아비를 여의고 그해 장맛비가 내리기 시작할 즈음 어미는 밭고랑을 바라보며 나에게 말했다.

"저 미나리를 싹 다 파내야 할랑개벼."

어미의 말뜻이 무엇인지 헤아리기 어려워 타박하듯 되물었다.

"왜, 잘 크는 것들을 매칼없이…."

미나리연연(戀戀)

"자꾸 뻗어나간게 물길을 막아서 장마 지픈 물이 안 빠져. 파야 깨야 뭐야 물에 잠기고 나믄 시들허니 기운도 없고, 잘 영글도 안 허고…."

"그럼 물길을 돌려주믄 되겠네. 내가 또랑을 한쪽으로 파줄랑게 그대로 키워봅시다. 미나리가 기운도 좋고 성혀서 장에 내다 팔믄 용돈벌이는 헐 것이네."

어미는 그것으로 무슨 용돈벌이가 되겠나 싶었는지 피식 웃고는 내가 하는 양을 지켜만 보았다. 그렇게 물길을 돌려 배수로를 정비하고 나자 밭에는 물이 고이지 않았고 미나리는 미나리대로 잘 자라 이듬해 아비 제삿날에는 미나리가 들어간 생선탕을 끓여 먹을 수 있었다. 야박하다면 야박한 짓일 테지만 아비가 죽은 날은 공교롭게도 어미의 생일이었다. 어미는 미나리·풋고추·머위처럼 풋내나는 푸성귀를 좋아하는 사람이다. 밤 12시에 차리는 제사상에는 푸성귀를 올리지 않을망정 산 사람의 생일상에는 그 사람이 좋아하는 미나리나물·풋고추볶음을 올려도 너무 야박하다 여기진 마시라. 망일을 그날로 택한 아비의 심보 또한 퍽 야박한 것이었으므로.

이듬해, 다시 미나리가 새순을 올리는 모습을 지켜보다 어미에게 또다른 제안을 해보았다. 마을에는 천수답이었던 논을 파내고 만든 저수지가 있었는데 수십년간 관리를 하지 않아 늪이 되어버렸다. 아무도 돌보지 않는 맹지였기에 이장과 상의를 하면 미나리꽝을 해볼 수 있겠다는 생각 끝에 꺼낸 말이었다.

"어매, 나랑 미나리꽝 한번 해볼라요?"

"어디다 미나리꽝을 혀?"

"여그 방죽이다 미나리꽝을 혀도 괜찮겠는디…."

사시사철 물이 흘러 일부러 무논을 잡을 필요도 없고 진흙으로 메워져 미나리가 뿌리내리기에도 안성맞춤일 듯해 꺼낸 말이었지만 어미의 대답을 듣고는 생각을 접기로 했다.

"너허고 나허고? 아이고야. 미나리 농사는 펄펄헌 젊은이도 허기 힘든 일이여. 춥디추운 날 물속에 들어가서 그것 거둬내는 일이 어디 쉬운 일이겄냐. 그냥 물도 아니고 가슴까지 차오르는 진흙탕 속을 허적거림서 뜯어야 혀. 밭에서 마늘, 무, 배추 같은 것 따복따복 거두는 일허고는 생판 다른 일여. 하이고 그 추위. 생각만 혀도 몸이 벌벌 떨린다. 늙은이가 헐 일은 아녀. 젊다고 다 헐 수 있는 일도 아니고."

전북 전주시를 둘러싼 완주군은 미나리의 주요 산지 중 한 곳이다. 가을에 추수를 마치면 보리를 심는 논 중간중간에 땅을 파내고 무논을 잡는 모습을 심심치 않게 볼 수 있다. 그 무논에는 미나리 모가 심어져 있는데 겨울이 시작되고도 한동안 물속에서 자라나고 12월 중순부터 수확이 시작된다. 멀리서 보면 서릿발, 눈발에 모두 시든 허튼 것으로 보이지만 가까이 다가가 물 아래를 내려다보면 굵고 아삭한 미나리가 뿌리를 내리고 겨울을 견뎌내는 모습을 볼 수 있다. 그 무논으로 중늙은이들이 가슴장화를 입고 들어가 미나리를 거둬들인다. 몇 겹의 양말과 몇겹의 내복을 입고 물속으로 뛰어든다지만 뼛속까지 파고드는 냉기를 감당하기에는 분명 역부족일 것이다. 그럼에도 견디고 견뎌 물미나리를 거둬들이고 겨울이 지나 따뜻한 봄이 되었다지만 그 빛나는 푸른 미나리 몸값이, 그 처절한 중늙은이들의 품값이 단돈 7천원.

미나리를 사들고 채소가게에서 나오는 길에 민망해져서 얼굴이 붉어지고 헛웃음이 나오고 말았다. 값이란 것이 무엇이기에 이 처절하게 빛나는 새파란 가치를 이리도 무참하게 훼손한단 말인가. 차라리 어서 빨리 꽃을 피워 값어치를 상실하고 홀로 아름답게 꽃을 피울 여름이 와버렸으면 하는 마음마저 든다.

여럿의 무심함을 먹고 자라는 콩나물

다섯 평이나 될까말까 한 방을 안방이라고 했다. 겨울이 시작되면 할머니와 형, 누이 둘 그리고 내가 안방에 모여 잠을 잤다. 누이들은 봄부터 가을까지 건넛방에서 지내다가 날이 추워지면 안방으로 옮겨와 지냈다. 건넛방엔 나름 신식으로 연탄보일러가 놓여 있었지만 보루쿠 담벼락에 벽지 한장 바른 방이 따뜻할 리 만무했다. 안방은 낡았고 문풍지 바른 틈으로 바람이 든다 해도 뜨끈한 구들이 있고 한기를 막아주는 흙벽이 있었다. 그래서 겨울 되면 식구들이 안방으로 모였고 겨우내 방안은 콩나물시루가 되었다.

타악타악, 새벽녘에 얼핏 잠에서 깨면 부엌 아궁이에서 콩대 타들어가는 소리가 들린다. 스르렁, 가마솥 뚜껑이 열리는 소리도 들리고, 따악따악, 도마 위에 무언가를 올려놓고 써는 소리도 들린다. 어미가 식은 아궁이에 불을 지피고 아침을 준비하는 소리들이다. 그 불에 식었던 방이 따뜻해지고 다시 스르륵 잠이 들 것도 같지만, 그렇게 잠이 들면 요에 오줌을 지리기 마련이라 두꺼운 솜이불을 밀치고 일어나 무릎걸음으로 아랫목에 놓인 요강 앞으로 다가가 오줌을 싼다. 초저녁에 방으로 들인 요강에는 오줌이 한가득 담겨 있다. 할머니는 밤새 서너 번 일어나 오줌을 누었을 것이고, 누이들과 형도 남모르는 어느 새벽에 일어나 오줌을 누고 다시 잠들었을 것이다. 찰랑거리는 요강에 오줌을 누고 나면 해야 할 일이 있다. 요강만 사람의 물을 기다린 게 아니다. 요강 옆에는 검은 포를 뒤집어쓴 콩나물시루가 나란히 놓여 있다.

콩나물시루를 방으로 들이던 날 할머니는 날 보고 배시시 웃으며 말했다.

"잠들기 전이 한번 주고, 오줌 싸러 일어날 쩍으 한번 주고, 아침이 일어나서 한번 주믄 우리 호용이 크디끼 콩나물이 지러나는 거여."

비몽사몽간에도 오줌을 누고 콩나물시루에 물 한바가지 끼얹어주는 것은 이 집에 살고 있는 사람들에겐 당연한 일이다.

누구든 버릇처럼 포를 걷어내고 함지박에 담긴 물 한바가지를 콩나물에 끼얹어주고 다시 이불 속으로 들어와 잠이 들었다. 요강에 그만한 오줌이 모였다면 할머니와 누이들, 형도 콩나물 시루에 물 한바가지씩 끼얹어주고 다시 잠들었을 것이다. 그리하여, 다섯 사람의 마려움이 목마른 콩나물을 밤새 무심히 길러냈다.

신새벽, 퇴창문 밖 마루 위에는 바람에 날려든 잔설이 내려앉았고, 마당 너머 앞산은 하얀 눈으로 뒤덮였다. 오줌을 누고 다시 이불 속으로 들었을 때 어미는 조용히 부엌문을 열고 들어와 콩나물 서너 줌을 뽑아들고 다시 부엌으로 나갔다. 까무룩 잠이 들었다 눈을 뜨면 형과 누이들은 학교에 가고 없고 할머니만 방 안에 남아 가만히 나를 내려다보고 있다.

"호용아 일어나서 밥 먹고 핵교 가야지. 눈 많이 왔다. 오늘은 걸어가야 헌게 얼릉 일어나야 쓰것다. 핵교 늦어."

고개를 들어 밥상을 올려다보니 콩나물무침과 콩나물김칫국이 놓여 있다. 어린것 입에 마뜩잖은 것을 잘 알아선지 내 밥그릇 위에는 달걀프라이가 얹혀 있다. 내 입맛은 그렇게 만들어진 모양이다. 지금도 여전히 김칫국과 된장국에 달걀프라이를 넣어 먹는 것을 좋아한다. 달걀을 풀어넣은 국이 아니라 기름에 부친 달걀프라이 말이다.

여럿의 무심함을 먹고 자라는 콩나물

비몽사몽간에도 오줌을 누고 콩나물시루에 물 한바가지 끼얹어주는 것은

이 집에 살고 있는 사람들에겐 당연한 일이다. 누구든 버릇처럼 포를 걷어내고

함지박에 담긴 물 한바가지를 콩나물에 끼얹어주고 다시 이불 속으로 들어와

잠이 들었다. 다섯 사람의 마려움이 목마른 콩나물을 밤새 무심히 길러냈다.

장사를 한답시고 정신없이 살다보니 늙은 어미 한번 보러 갈 새가 없는데 어버이날마저 바쁘다는 핑계를 댈 염치가 없어 밤늦게 고향집을 찾았다. 집에는 할미가 되어버린 어미와 그 어미의 모습과 성정까지 빼다박은 큰딸이 마주 앉아 깔깔대며 나를 반겼다.

그리고 역시나, 오줌을 누는 좌변기 옆에 검은 포를 뒤집어 쓴 콩나물시루가 우두커니 앉아 화장실을 들락거릴 사람들을 기다리고 있었다. 오줌을 누고 나서 검은 포를 들춰보았다. 예나 지금이나 다름없이 시루 안에는 콩나물이 '옹숭옹숭' 자라고 있었지만 안방 요강 옆에 자리했던 콩나물과는 다르게 기운도 없어 보였고 콩나물 대가리도 옅은 연둣빛을 띠고 있었다.

콩나물이란 것은 어두운 방에서 단시간에 길러내야 하는 것인데 어미 혼자 물을 준들 얼마나 자주 줄 수 있겠는가. 하룻저녁 두세 번 화장실을 들락거린다 해도 다섯 식구가 번갈아가며 물을 주는 것에는 턱없이 부족한 것이 분명하다. 물을 주면 주는 만큼 자라는 것이 콩나물인지라 노인네 혼자 기르는 콩나물은 더디 자라고 그 시간만큼 어떻게든 빛을 잡아당긴 콩나물대가리는 연둣빛으로 변할 수밖에 없었을 것이다. 오줌을 누고 시루 앞에 쪼그려 앉아 물 몇바가지를 끼얹어주고 방으로 돌아와 어미와 누이 앞에 앉았다.

그날 낮에 어미와 누이는 밭에서 난 이런저런 푸성귀와 콩나물을 들고 시장에 다녀왔노라고 말했다.

"야, 엄마가 얼마나 웃긴 줄 아냐. 엄마가 파는 콩나물 천원 어치가 얼마나 되는 줄 알아? 보통 콩나물의 4분의 1, 유기농 콩나물의 절반도 안 돼. 사람들이 콩나물을 사가면서 다들 그러는 거야. 너무 적은 거 아니냐고. 아무리 집에서 키운 콩나물이라지만 내가 봐도 양이 너무 적어."

호남평야 너른 들판은 모내기가 한창이다. 논에는 벼를 심고 그 들판 가장자리 논두렁과 수로변의 맹지 곳곳에는 백태와 서리태, 쥐눈이콩을 심는다. 콩은 물기 없는 자갈밭이건 축축한 진흙밭이건 가리지 않고 어지간하면 뿌리를 내리고 싹을 틔우는 순하고 강인한 식물이다. 세 알씩, 세 알씩. 한 손에 호미를 들고 다른 손엔 콩 한줌을 쥔 어미는 며칠간 들판에 나가 콩을 심었을 것이다. 그 콩은 지난해 가을 같은 자리에서 거둬들인 종자들이다. 겨우내 삶아 메주를 띄우고, 된장을 담그고, 밥에 얹어 먹고, 볶아 콩차를 만들고, 쇠머리찰떡에도 넣어 먹었다. 한말 두말 지고 장에 내다팔면 두둑한 용돈벌이가 되기도 했을 것이다. 그리고 가장 실하고 상처가 없는 것들로 골라 모아 논두렁에 다시 심고도 남은 콩을 콩나물로 길러낸 것이란 건 묻지 않아도 알 수 있는 일이다.

콩나물 기르는 일은 참으로 쉬운 일이다. 시루에 3분의 1 정도 들어갈 양의 콩을 하루 정도 물에 불리면 콩알이 갈라지고 그 틈으로 작은 뿌리를 내민다. 이렇게 싹이 트면 소쿠리에 담아 물기를 빼내고 시루 바닥에 물 먹인 볏짚으로 똬리를 틀어 깔아준 뒤 그 안에 불린 콩을 담는다(볏짚은 시루 안에 적당한 수분을 유지하기 위해 깔아주는 것인데 스폰지 역할을 한다). 시루가 준비되면 아랫목 구석진 자리에 물이 담긴 함지박을 놓고 시루를 걸칠 수 있는 받침대로 사용할 '꼬작'을 가로질러 얹은 뒤 그 위에 콩나물시루를 올린다. 그리고 함지박에 담긴 물을 시시때때로 부어주고 빛 한줄기 새어들지 않을 만한 검고 두꺼운 천으로 시루를 덮어주면 노랗고 실한 콩나물이 자라는 것이다.

그럼에도 '콩나물 지르는 것이 애린 것 키우는 것보담 애려운' 이유가 있다. 갓난아기 기저귀 갈아주고 젖 물리고 잠재우는 것보다 더 자주 검은 포를 들추고 물을 부어줘야 하기 때문이다. 함지박에 담긴 물 한바가지 떠서 시루에 끼얹어주는 행위 자체는 더없이 단순한 일일지 모르지만 한 사람의 정성만으로는 건실하게 길러내기 어려운 것이 콩나물이고 또한 사람이다. 한 사람의 지극정성이 다섯 사람의 무심함에 미치지 못하는 것이다.

가을날 콩대를 거두고 말려 타작하고 자루에 담아내는 어미의 정성을 잘 알고 있기에 시루에서 자라는 콩나물에 쏟을 정성 또한 가볍지 않을 것임은 미루어 짐작하고도 남음이 있다.

여럿의 무심함을 먹고 자라는 콩나물

마당에 떨어진 콩 한 알도 허리 숙여 집어들고, 콩대를 태울 때도 아직 떨구지 못한 콩알이 없는지 확인해가며 아궁이에 밀어넣는 성정을 가진 사람이다. 그러하니 콩나물시루에 콩을 담는 날부터 오줌이 마렵지 않아도 수없이 화장실을 들락거렸을 테고 밭에 나갔다 돌아와서도, 잠시 외출하고 돌아와서도 수시로 시루에 물 몇바가지씩을 끼얹어주었을 것이다. 그럼에도 한 사람의 정성만으로는 역부족이지 않았을까.

"봄이 콩 심고 여름이 길러 가을 되믄 거둬다 말리고 타작혀 잘난 놈 못난 놈 개려 담어서 콩나물로까지 질러낸 것인디 그 돈 천원이 어디 말이냐. 헐 수 없어서 그 돈 받고 주는 것이지…."

한줌이나 될까 한 콩나물을 받아든 손님이 너무 적다며 투정 부리듯 어미를 바라보자 콩나물 세 가닥을 떨리는 손으로 빼들어 봉지에 담아준 이야기를 누이가 전할 때 세 사람 모두 깔깔대고 웃었다. 하지만 어미의 마음으로는 그간의 수고로움이 콩나물 석 줄기에 담겨 있었으므로 그리도 손이 떨렸을 것이다.

따로 떨어져 살던 세 가족이 둘러앉아 밤늦게까지 두런두런 사는 이야기를 나누다 잠들어 아침에 눈을 떠보니 밥상이 차려져 있었다.

"일찍 가야 헌담서. 일어나서 밥 먹고 갈 채비 혀라."

밥상 위에는 콩나물과 미나리가 듬뿍 들어간 아귀탕이 놓여 있었다. 이만하면 달걀프라이가 없어도 밥은 꿀떡꿀떡 넘어가기 마련이라 눈곱도 떼지 않은 부스스한 얼굴로 일어나 밥 얻어먹고 전주로 돌아왔다. 얻어먹은 밥도 고마운데 어미는 두툼한 검정 비닐봉지 하나를 내 손에 들려줬다. 그 봉지 안에는 콩나물이 가득 담겨 있었다. 돈으로 치자면 만원어치는 될 법한 양의 콩나물이었다. 자식에게 주는 것이라 그랬던가. 양은 가늠치 않고 봉지에 꾹꾹 눌러담아 더이상 들어가지 않을 만큼 넣었다. 손은 떨리지 않았을 것이다. 그간의 수고로움도 기억에서 사라졌을 것이다.

"뭔 콩나물을 이리 많이 주오?"

"그깟 콩나물이 뭐라고. 가꼬 가서 냉국이나 끓여 먹어. 암것도 넣지 말고 소금간만 쪼매 허고 마늘이나 쪼매 넣는 둥 마는 둥…."

내가 가장 좋아하는 콩나물 음식은 냉국이다. 오직 한 가지 재료만으로 깊은 맛을 낼 수 있는 식재료는 그리 많지 않은데 콩나물이 그러하다. 깨끗이 씻은 콩나물을 끓는 물에 넣고 뚜껑을 덮어 비린내가 가시면 불을 끄고 소금도 넣는 둥 마는 둥, 마늘도 넣는 둥 마는 둥 해서 차게 식혀 마시면 갈증도 달래고 입맛도 살려준다. 이 콩나물냉국은 맛을 내려고 노력하면 노력

여럿의 무심함을 먹고 자라는 콩나물

할수록 맛이 없어지는 음식이다. 멸치 육수를 넣어도 맛이 없고, 파를 다져 넣어도 맛이 없고, 조미료를 넣어도 맛이 없다. 개운한 맛은 온데간데없이 사라지고 니릿한 뒷맛만 남아 입맛을 버린다. 요강 옆에 우두커니 앉은 콩나물시루에 물 주듯 그렇게 무심히 요리해야 맛있는 음식이 있다.

솜이불

스무살에 집을 나섰다. 어미는 집 떠나는 막둥이 손에 두꺼운 솜이불 한채를 들려줬다.

목단 그림이 그려진, 비단포를 벗겨내고 빨아서 다시 씌우고 새 이불호청을 씌워 바느질한 이불을 비단 보자기에 싸서 들려줬다.

'아 씨, 쪽팔려.'

비단 보자기에 싼 묵직한 이불덩어리가 쪽팔렸다.

태어나서부터 덮고 잤던 무거운 솜덩어리. 너무 무거워 싫어했던 그 이불을 엄마는 매년 겨울 장롱에서 꺼내 덮어줬다. 봄부터 가을까지 장롱에서 묵힌 그 냄새도 싫었다. 마른 곰팡이 냄새였다. 비단포를 벗겨낸 솜덩어리에는 수많은 지도들이 그려져 있었다. 누이들과 형과 내가 자라면서 그려놓은 작고 큰 지도들. 아마도 내 것이 가장 많았을 게다. 오줌싸개라고 누이들에게 놀림도 많이 받았으니….

오줌에 전 그 이불 무에 그리 아까워 떠나는 아들 손에 들려 보내려 했을까. 아무튼 들려줬으니 들고 전주로 왔다. 버스 세 번 갈아타고 왔다.

반지하 비스무리한 자취방에서 그 이불을 덮고 깔고 부비고 뒹굴고, 술 취해 들어와 오바이트해서 지도를 하나 더 그려가며, 취해 널브러진 친구 놈들 덮어줘가며, 알벗은 애인 몸 덮어줘가며 그 이불 덕에 몇해 동안 춥지 않게 겨울을 났다. 그렇게 몇년을 지내다 어느 해인가 추위가 시작될 무렵 이불을 꺼냈는데 곰팡이 냄새가 너무 심하게 났다. 볕에 널어 말릴 줄도 모르고 호청 갈아 씌울 줄도 몰랐으니 그럴 수밖에. 에라, 올해는 이불 하나 사자꾸나 싶은 생각에 가볍고 따뜻한 거위털이불을 장만했다. 그 가벼움과 따뜻함이 어찌나 신통방통하던지. 너무나 가벼워 허전하기도 했지만 그 허전함은 곧 사라질 테지, 그렇게만 생각했다.

거위털이불이 생겼음에도 몇번 이사를 다니며 솜이불을 버리지 않고 끄리고 살았다. 그러다 3년 전에 마지막 이사를 하

반지하 비스무리한 자취방에서 그 이불을 덮고 깔고

부비고 뒹굴고, 술 취해 들어와 오바이트해서 지도를 하나 더 그려가며,

취해 널브러진 친구 놈들 덮어줘가며, 알벗은 애인 몸 덮어줘가며

그 이불 덕에 몇해 동안 춥지 않게 겨울을 났다.

솜이불

며 아무 생각 없이, 정말 별 생각 없이 드럼통에 넣고 불태워 없애버렸다. 몇년 동안 무심했고 항상 짐이 된다 생각해서였을까. 그리고 까맣게 잊고 지냈다.

지난여름 무슨 말 끝에 엄마는 이불의 안위를 물으셨다.

"뭐? 그 솜이불? 벌써 불 처질러 없앴지. 그것을 뭐한다고 지금까지 이고지고 살것소."

"하이고!!!… 이 자식아!!… 너 그게 어떤 이불인 줄이나 아냐?"

"엥? 뭐 사연있는 이불여?"

"이놈아. 그 이불. 어찌까. 그것을… 그 이불은 말여, 느그 어매가 시집올 때 혼수로 해온 이불이다 이것아. 이 어매가 목화밭에서 목화 따서 솜 틀고 바느질 혀서 해온 이불이란 말여!! 이 썩어잡어먹을놈에 자식!! 아이고 이자식아!!"

"엥?! 아… 그런 얘기는 좀 미리…."

"지랄하고 자빠졌네. 미리고 나발이고 멀쩡한 이불을 불 처지르는 사람이 어딨다냐. 틀렸지 뭐. 틀렸어. 없는 것을 어찌겠냐."

'아….'

살다보면 돌이킬 수 없어서 평생 마음에 묵직하게 남는 것들이 있다. 날이 추워져 거위털이불도 꺼내고 양모이불도 꺼내 덮는다. 가벼운 이불들의 허전함이 사라지지 않을 것 같다.

길가다 우연히 목화를 만났다. 씨방이 틔어 솜이 한줌 올라와 있었다. 몇송이 따서 방에 두었다. 솜 안에 든 씨앗을 내년 봄에 시골집 마당 한켠에 심어볼 생각이다. 마당에 목화꽃이 피면 엄마는 그나마 웃으려나.

엄마가 닭 잡아먹자고 오라신다. 속창아리 없는 자식놈 닭 잡이먹이겠다고 오라신다. 가야지. 소주 한병 들고 시골집에 가야겠다.

솜이불

네 맛대로 먹어라

쌀뜨물에 된장과 고추장을 풀어 넣고 잔멸치와 건새우 한줌을 넣어 끓인 뒤 껍질 벗긴 아욱을 넣고 한소끔 끓여 아욱의 숨을 죽인다. 아욱이 흐물흐물해지면 마늘을 비롯한 향신료와 멸치 액젓으로 간을 하고 약한 불에 5분 정도 끓인 다음 불을 끄고 뚜껑을 덮은 채로 식을 때까지 하룻밤을 기다린다.

나는 아침 일찍 출근하고 그녀는 집에 남아 어젯밤 끓여둔 아욱국에 밥을 말아 먹었다.

"갓 지은 진밥을 당신이 끓여놓은 아욱국에 말아 한술 떴습니다. 식힌 아욱국에 뜨거운 밥을 말아 후루룩 한그릇 뚝딱 비웠지요. 손맛이라는 것은 말입니다. 어쩌면 특정 부류의 사람들 손에 감칠맛 세포 같은 게 내장된 것일지도 모릅니다. 멀쩡히 조리 공정을 눈으로 보고서도 믿기지 않는 맛은 그렇게밖에 달리 설명이 안 됩니다."

아욱국의 맛이란 솥에 들어가는 재료들을 조합해 조리하는 과정을 통해 만들어지는 것일까, 특정 부류의 사람들 손에 내장된 감칠맛 세포에 의해 결정적 변화를 맞이하는 것일까.

얼마 전 운영하는 식당의 블로그에 데미글라스 소스를 만드는 데 필요한 재료와 과정을 상세히 기록해 올렸더니 많은 사람들이 우려 섞인 의견을 전달해왔다. 요약하자면 너만의 노하우와 시크릿 레시피를 너무 쉽게 노출해버린 것 아니냐는 지적이었다. 그 우려에 대한 나의 대답은 간명했다.

"이제 시크릿 레시피 따위 없는 세상이지 않느냐. 같은 레시피로 음식을 만든다 해도 그 맛은 만드는 사람마다 다를 수밖에 없다. 내 레시피로 누군가 데미글라스 소스를 만든다면 그 소스는 그 사람만의 데미글라스 소스다."

레시피가 넘쳐나는 세상이다. 레시피를 알리는 셀 수 없이 많은 책을 비롯해 수천 가지 조리법이 담긴 애플리케이션, 조리 과정을 처음부터 끝까지 촬영해 보여주는 동영상이 SNS상에 차고 넘친다. 콩나물국을 끓이는 방법부터 동파육을 만드는 기나긴 과정이 동영상으로 기록돼 있고, 미역·다시마를 채취

하고 건조하는 방법, 다양한 도구를 활용해 여러 식재료를 손질하는 방법까지 책으로, 음성 서비스로, 사진으로, 동영상으로 얼마든지 찾아볼 수 있는 세상이다.

그럼에도 불구하고 어느 장인의 레시피는 감춰진 어떤 비밀 혹은 '정답'으로 여겨진다. 과연 비밀의 문이 열렸다 하여 문 너머에 존재하는 정답을 찾아낼 수 있을까? 정답을 알게 되었다 하여 그 모든 사람이 같은 음식을 만들어낼 수 있을까? 어떤 문제든 정답과 오답이 있는 교육만 받아온 세대의 우매한 풍경은 아닐까? 레시피에는 정답이 담겨 있을지 모르지만 그 레시피를 참고해 만든 당신의 음식은 정답도 오답도 아닌 당신의 음식이다. 비밀의 문 안으로 들어서면 당신 안에 또다른 비밀의 문이 생겨난다. 그러니 이 무한한 '정답'의 확장 앞에 나만의 레시피를 공개하는 행위는 전혀 우려스럽거나 놀라울 것 없는, 단순한 정보 전달의 의미를 넘어서지 않는다. 그리고 내가 만든 음식을 먹는 사람들에게 그 음식이 어떻게 만들어졌는지를 알려야 하지 않겠는가.

상황이 이러한데도 사람들은 조금 더 정확하고 세세한 레시피를, 매뉴얼을, '정답'을 갈구한다.

얼마 전 서점에 들렀을 때 제이미 올리버(Jamie Oliver, 영국의 요리사)의 레시피북이 눈에 띄어 펼쳐보고는 씁쓸해지고 말았다. 그의 레시피북에 적힌 조리법이 형편없어서가 아니라 이

자유로운 영혼이 책에 갇혀버렸다는 느낌을 받았기 때문이다. 올리버는 특정한 재료를 준비하지 않고 눈에 띄는 여러 재료들을 이용해 즉흥적으로 음식을 만들어내는 것으로 유명한 요리사다. 그의 요리는 순간적인 붓터치로 펼쳐놓은 추상화거나, 고요 속에 느닷없이 나타났다 강한 인상을 남기고 공기 중으로 흩어져버리는 즉흥연주와 같다. 그런 사람이 만든 요리가 책에 담겼다. 마치 즉흥연주된 음악을 악보에 담거나, 벽면에 흩뿌린 물감의 흔적을 액자에 담은 듯 어색하고 안타깝게 여겨졌다. 반드시 그 재료를 이용해야만 하는 음식도 아니고 반드시 조리시간을 지켜야 하는 요리도 아닌데 올리버의 음식은 단어와 문장과 숫자 사이에서 정형화돼 누구도 만들 수 없는 기묘한 '그림'으로 책갈피 사이사이에 진열돼 있었다. 마치 쇼윈도 안에 놓여 있는 밀랍 요리처럼 말이다.

제이미 올리버가 요리계에 던진 화두는 자유로움과 비정형화였다. '레시피를 집어던지고 네 주위에 지천으로 널려 있는 다양한 재료들을 이용해 너만의 요리를 만들라'는 것이지 않던가. 그러한 그의 말이, 요리가 '맛과 영양이 가득한 제이미의 초간단요리'라는 솔깃한 부제를 달고 한권의 책으로 정형화돼버렸다. 비정형을 정형화해버리는 이 시대의 상술에 언제나 격한 감동으로 화답하며 '정답'을 탐닉하는 대중의 모습에 닭살과 함께 몸이 부르르 떨린다.

네 맛대로 먹어라

내가 만든 아욱국이 특별한 이유를 설명할 길은 없다. 아욱은 동네 마트에서 샀고 된장과 고추장은 청정원에서 출시한 그저 그런 공산품이었다. 쌀뜨물, 멸치, 새우, 마늘, 생강, 불 조절, 기다리는 시간…. 아무것도 특별할 게 없지만 그녀에게 내가 만든 아욱국은 특별한 것이었다. 그녀가 씻고 있을 때 나는 아욱 줄기의 껍질을 정성을 다해 벗겨냈다. 그깟 아욱 껍질을 벗기든 벗기지 않든 별다른 차이는 없지만 그래도, 아주 조금이라도 더 부드러운 아욱국을 먹이고 싶어 한줄기 한줄기 다듬었고 그 노력은 대단히 즐거운 것이었다. 억센 줄기는 골라버렸고 큰 줄기는 먹기 좋은 크기로 잘랐다. 쌀을 오랫동안 씻어 농도 짙은 쌀뜨물을 받아놓았고, 간을 맞추기 위해 몇번이고 맛을 보았다. 아욱의 숨이 죽기를 기다리고 불을 줄이고 불을 *끄기*까지의 시간은 정확히 5분이라고 말할 수 없는, 나만의 어떤 감이었던 것이다. 그 감은 문장으로, 말로, 동영상으로 설명할 수 없고 설령 그것을 설명할 수 있다 해도 독자는 이해할 수 없는 방언에 지나지 않을 것이다. 그렇게 끓인 아욱국. 당신에게도 특별했을까? 그렇지 않았을 것이다. 그저 평범한 된장국 그 이상도 이하도 아님이 자명하지 않은가.

너와 나의 밥을 지어먹는 '삶'이라는 행위에 정확한 레시피란 존재하지 않는다. 누군가 제시한 어느 요리의 레시피는 대략적인 방향을 안내하는 이정표일 뿐이다. 당신의 냉장고와 시

그녀에게 내가 만든 아욱국은 **특별한 것이었다.**

그녀가 씻고 있을 때 나는 아욱 줄기의 껍질을 정성을 다해 벗겨냈다.

그깟 아욱 껍질을 벗기든 벗기지 않든 별다른 차이는 없지만 그래도,

아주 조금이라도 더 부드러운 아욱국을 먹이고 싶어 한줄기 한줄기 다듬었고

그 노력은 대단히 즐거운 것이었다.

네 맛대로 먹어라

렁 위에 얹힌 재료를 활용해 레시피가 안내하는 방향으로 요리를 만들어보는 것이다. 파가 없다면 양파로, 꿀이 없다면 설탕으로, 사과가 없다면 파인애플주스로…. 각 재료의 특징이 무엇인지에 대해 알고만 있다면 타인의 레시피를 통해 당신의 레시피를 만들 수 있을 것이다.

음식을 만들다보면 레시피가 반드시 필요한 경우가 있다. 천인분의 소스를 끓여야 한다거나 피클 1톤을 담가야 한다거나 코카콜라 1만 리터를 만들어야 할 때 오차없이 정확한 재료의 양과 조리과정이 제시돼야만 한다. 이처럼 대량의 음식을 만들 때는 1%의 오차로도 치명적인 맛의 변화를 불러온다. 이것은 음식이라고 부를 수 없는 공산품에 지나지 않는다. 다시 말해 사람의 정성으로 끓여낸 한숟가락의 소스이거나 한모금의 음료가 아니라 철저한 계산과 설비, 공정으로 만들어진 알싸한 설탕물에 지나지 않는다.

초등학교 저학년 무렵 처음으로 볶음밥을 만들었다. 누나들은 종종 이런저런 특별한 음식을 내게 만들어줬는데 그중 달걀을 풀어넣고 볶은 달걀볶음밥이 맛있었다. 누나도 없고 엄마도 없이 할머니와 단둘이 집에 남아 있을 때 할머니에게 볶음밥을 해주겠다며 풍로에 성냥불을 붙였다. 나는 누나가 만들어줬던 볶음밥을 떠올려봤다. 밥알 사이사이에 달걀이 함께 볶아져 있었고 이런저런 채소들이 들어가 있었다. 어쩐지 달달한 것도 같았고 짭짤한 맛이 나는 것도 같았다. 고소한 맛은 분명 참기름인 듯싶었다. 그중 달달한 맛이 가장 인상깊게 남아 있었다. 우선 프라이팬에 참기름을 붓고 밥을 넣었다. 그 위에 달걀 몇알을 깨트려 넣었고 파도 얼기설기 썰어 넣었다. 소금을 조금 넣고 설탕을 몇숟가락 퍼넣었다. 그리고 뒤적였다. 프라이팬 바닥에는 달걀이 엉겨붙었고 밥은 진창이 되어버렸다. 아무리 뒤적여도 밥이 볶아지는 것이 아니라 죽이 되어갔다. 바닥은 눌어붙어 타들어가고 있었다. 아무래도 잘못된 것 같아 불을 끄고 프라이팬을 들고 마당으로 나와봤다. 밥알 사이에 노릇노릇 달걀이 섞여 있긴 했지만 누나가 만들어준 볶음밥은 아니었다. 그럼에도 맛있는 냄새는 났다. 그래서 한 숟가락 떠먹고는 그대로 땅을 파고 볶음밥을 묻었다. 밥이 달아서 도저히 못 먹겠는 거다. 며칠 뒤엔 설탕을 넣지 않았다. 그런대로 먹을 만했지만 여전히 눌어붙었다. 참기름 대신 식용유를 몇국자 들이부었다. 느끼해서 누렁이에게 먹였다. 다음번엔 식용유를 적당히 넣었고 밥을 먼저 볶고 나중에 달걀을 깨서 넣었다. 나는 그런대로 먹을 만했지만 할머니는 몇숟가락 뜨지 않고 수저를 내려놓았다. 또 누렁이에게 먹였다. 누렁이는 내가 새로운 음식에 도전하기만을 기다리고 있었는지 모른다. 김치부침개, 호박전, 비빔밥, 칼국수, 수제비…. 새로운 음식에 도

전할 때마다 실패했고 그 음식들은 누렁이가 먹거나 땅에 파묻혔다. 그 과정을 통해 달걀이 무엇인지, 밀가루의 성질은 어떠한지, 파는 어떻게 다듬어야 하고, 양파는 어떻게 썰어야 하는지, 설탕은 무엇이고, 소금은 무엇이며, 미원은 어떤 맛을 내고, 각 조미료마다 적당한 양이 어느 정도인지를 가늠할 수 있게 되었다. 어린 나에게 레시피는 누나가 만들어준 음식을 맛본 기억과 할머니의 조언뿐이었다.

음식을 만들었는데 실패하셨나? 개에게 먹이시라. 너무 짜서 개도 먹지 않는가? 땅을 파고 묻으시라. 그리고 소금이나 간장을 덜 넣고 다시 만들어보시라. 집에서 천인분의 김치찌개를 끓이는 건 아니지 않은가. 당신이 만들어 먹는 한끼의 식사에 정답은 없다.

네 맛대로 살아라.

통증

팔이 부러졌다. 나무토막이 부러지듯 그렇게 살 속에서 부러진 뼈가 뒤틀려 피부가 불룩 튀어나왔다. 부러진 팔을 들어올리자 몸과 분리된 살과 뼈는 만유인력의 법칙을 준수하겠다는 의지를 피력하듯 아래로 휘어졌다. 부러진 뼈가 다시 한번 어긋나며 극심한 통증이 느껴졌다. 부러졌어도 여전히 내 몸이고 내 뼈인 모양이었다. 왼손으로 부러진 오른팔을 감싸안고 운동장을 걸어나왔다.

초등학교 6학년 무렵이었다. 나는 학교에서 가장 크고 힘이 센 아이였다. 몸이 자라고 있다는 것을 내 스스로 느낄 수 있던 시기였고, 어제보다 오늘 더욱 힘이 세졌다는 것을 눈을 뜨는 아침마다 확인하던 나이였다. 가장 높은 철봉에 매달려 가장 높이 구를 수 있는 아이이기도 했다. 손아귀의 힘을 믿어 의심치 않았다. 두려움만 버린다면 철봉을 잡고 한바퀴 돌아 그 자리로 돌아올 수 있을 거란 생각을 그해 봄부터 해오던 터였다. 실패하면 창피할 것 같아 모두가 집으로 돌아간 늦은 오후에 운동장에 홀로 남았다. 뛰어올라 철봉을 잡았다. 발목을 곧추세워도 발가락은 땅에 닿지 않는 높이였다. 몸을 흔들어 진자운동을 시작했다. 몇번을 힘차게 구르자 몸이 운동장과 평행을 이룰 만큼 높이 올라갔다. 공중에 떴다 내려오는 몸에 힘을 주어 가속도를 붙이자 몸이 하늘 높이 떠올랐다. 그때 손아귀의 힘은 내 몸의 무게와 가속도를 견디지 못했다. 잡고 있던 철봉을 놓쳤다. 철봉에서 떨어져나간 몸은 앞으로 날아가다 땅바닥으로 곤두박질쳤다. 본능적으로 땅에 손을 짚었다. 몸의 무게와 낙하속도를 견디지 못한 팔목은 맥없이 부러지고 말았다. 부러진 오른팔을 감싸안은 왼쪽 손바닥이 쓰라려 펼쳐보았더니 손바닥에 단단히 자리잡았던 굳은살이 떨어져나갔고 그 자리에 피가 흐르고 있었다. 철봉을 잡고 있던 마지막 순간에 온 힘을 다해 손아귀를 움켜쥐자 살이 뒤틀리다 못해 떨어져나간 모양이었다.

지켜보는 사람이 있었다면 창피했을 테지만 여전히 나는 혼자여서 창피하지 않았다. 혼자였으므로 히죽 웃을 수도 있었다. 그 순간에, 부러진 팔을 부여잡고 주저앉아 철봉을 올려다보자 히죽 웃음이 나왔다. 부러진 뼈가 살 속을 이리저리 들쑤실 때마다 소름 돋는 고통이 이어졌고 살점이 떨어져나간 손바닥은 지독하게 쓰라렸지만 설명할 길 없는 어떤 만족감에 부르르 몸을 떨며 웃음이 나왔던 것이다. 그 이유를, 히죽 웃음이 나올 수밖에 없었던 이유를 20년도 더 지난 요즘에야 알게 되었다.

그것은 '무목(無目)'이었다. 열세살이던 나에겐 목적이 없었다. 목표하는 방향은 하늘이었고 그 하늘을 날아 멋지게 제자리로 돌아오는 것만이 목적이라면 목적이었다. 만약 성공했다 해도 그만큼만 웃었을 것이다. 성공과 실패는 무의미했다. 나는 어떤 식으로든 날아올랐고 나름 멋지게 착지하지 않았던가. 착륙의 실패는 성공적인 비행 앞에 명함도 내밀지 못할 만큼 하찮았다. 나는 날았고 팔이 부러졌다. 그 통증이 뭐 그리 대수라고.

나는 아주 어릴 때부터 통증에 무감했다. 통증을 느끼지 못한 것이 아니라 통증을 예사롭게 여겼다. 형에게 한대 맞으면 '에엥' 하고 울었지만 몇분 지나지 않아 아프지 않았다. 그래서 다음번 쥐어맞을 때는 울지 않았다. 조금 있으면 아프지 않을 건데, 뭐. 깨진 유리를 밟았다. 신기하게도 몇주가 지나자 상처가 아물고 다시 뛰어다닐 수 있게 되었다. 망치로 손톱을 때렸다. 피멍든 손톱이 빠지더니 그 자리에서 다시 손톱이 돋아났다. 멍도 시간이 지나면 사라졌고 상처도 아물었으며 손톱도 다시 자라났는데 부러진 뼈라고 다시 붙지 않을 리 없다고 생각했다.

간호사는 손목을 잡고 의사는 팔꿈치 쪽을 잡았다. 두 사람은 양쪽에서 팔을 잡아당겼다 놓았다를 반복했다. 그때마다 눈을 질끈 감고 이빨을 부드득 갈았다. 부러진 팔에서 빠그락거리는 소리가 들렸다. 의사와 간호사는 부러진 팔을 잡아당기고 주물러가며 반듯하게 맞춰나갔다. 얼추 뼈를 맞춘 다음 깁스를 하고 석고가 굳길 기다리는 동안 간호사가 물었다.

"아프지 않았니?"

'시바, 그걸 말이라고….'

통증 앞에서 웃을 수 있었던 이유는 '무목'뿐만이 아니었다. 내 육체의 회복력에 대한 순수한 신뢰 덕분이기도 했을 것이다. 부러지고 까지고 찢어지고 살점이 떨어져나가도 언제나 내 몸은 다시 회복됐고 전보다 더 세지고 커져만가던 나이이지 않았던가. 땅바닥에 내동댕이쳐지고 팔이 부러지던 순간에도 '다음번엔 성공할 수 있겠다'는 생각을 하고 있었으니 말 다 한 거다.

　지난 한해 동안 산과 들, 바다에서 먹을 것을 찾아 먹으며 연명해보겠노라 작심하고 온 나라를 떠돌아다녔다. 내 몸과 내가 가진 지식은 이 여행 동안 총동원됐고 바닥을 드러냈다.

　여행을 떠나기 전 내 몸은 건장했었다. 뼈는 크고 단단했으며 그 뼈에 붙은 근육과 살은 어떤 역경도 견뎌낼 거라 확신할 수 있을 만큼 우람했다. 땅을 딛고 선 발바닥은 단단했고 손아귀의 힘은 소도 때려잡을 성싶었다.

　여행을 시작한 지 두 달 만에 몸무게는 20kg 이상 줄어들었다. 한 달 만에 몸에 붙어 있던 군살은 에너지로 소비됐고 두

열세살 무렵에 하루가 다르게 성장하는 육체가 눈에 보였다면

서른여섯 무렵에는 하루가 다르게 쇠락해가는 육체가 눈에 보였다.

그럼에도 내 몸은 죽음을 맞이하지 않았다. 아침이 되면 눈을 떴고 몸을 일으켜

먹을 것을 찾아나섰다. 산으로 들어가 마와 더덕을 캐 먹고

바닷물 속에 뛰어들어 조개나 전복 따위를 잡아먹었다.

달이 지나자 빗장뼈와 흉곽, 골반이 툭툭 튀어나왔다. 사용하지 않는 허튼 근육까지도 살아남기 위한 에너지로 소비됐다. 육체에 대한 믿음, 구체적으로 근육과 힘에 대한 믿음은 두 달 만에 소멸됐다. 열세살 무렵에 하루가 다르게 성장하는 육체가 눈에 보였다면 서른여섯 무렵에는 하루가 다르게 쇠락해가는 육체가 눈에 보였다. 그럼에도 내 몸은 죽음을 맞이하지 않았다. 아침이 되면 눈을 떴고 몸을 일으켜 먹을 것을 찾아나섰다. 산으로 들어가 마와 더덕을 캐 먹고 바닷물 속에 뛰어들어 조개나 전복 따위를 잡아먹었다. 먹은 것은 그날을 살게 했다. 가끔 몸무게를 재보면 69kg이거나 70kg이었다. 줄지도 늘지도 않았다. 며칠 잘 먹었다고 해서 몸이 불지 않았고, 또한 며칠 밥을 먹지 못해도 몸무게는 여전했다. 다음날 아침이면 눈이 떠지고 몸을 움직일 수 있었다. 몸을 움직일 수 있는 힘도 마찬가지였다. 근육이 줄어드는 시기에는 아무것도 하지 못할 것 같은 무기력이 찾아왔지만 다음날이면 어떻게든 몸을 움직여 먹을 것을 찾아냈고 그만큼의 힘은 계속 몸에 남아 있었다.

쇠락의 끝자락에 소멸은 찾아오지 않았다. 대신 오늘의 에너지로 오늘을 살아갈 방법을 터득했다. 그럼으로써 통증을 받아들이는 조금 다른 성격의 일관된 자세가 생겨났다. 말하자면 내일은 통증이 사라지고 전보다 좋아질 것이란 어린 시절의 믿음은 더이상 뇌리에 남아 있지 않았다. 다만 오늘의 통증이 내일까지 이어진다 해도 내일은 그 통증을 견뎌낼 만큼의 에너지가 몸 안에 다시 생겨난다고 믿게 되었다. 그리하여 통증을 대하는 방법도 자연스럽게 변했다. 몸이 아프면 밥을 참았고 배고픔을 견디기 힘들면 통증을 견뎌냈다. 너무나도 간명해서 말할 가치도 없어 보이지만 휴식과 노동을 자유롭게 결정할 수 있을 때까지 6개월이 걸렸다.

2월에 여행을 마치고 전북 전주로 돌아와 3월에 작은 배달 식당을 열었다. 하루 종일 칼질을 하고 프라이팬을 굴려 볶고 지지고 튀기고 끓여 '밥'을 만들어 판다. 아침에 눈을 뜨면 칫솔을 쥘 수 없을 만큼 손가락과 손바닥이 아프지만 '밥'을 참을 수 없어 다시 칼과 프라이팬을 손에 든다. 몇주 전엔 팔이 너무 아파 병원에 갔더니 '엘보'라는 병이라고 의사는 말했다. 일명 '테니스엘보'라 하고 의학 용어로는 '상완골외상과염'(上腕骨外傷顆炎, Lateral Epicondylitis)이라고 한다. 이 통증이 팔꿈치에 눌어붙어 떨어질 생각을 하지 않지만 너에게 주는 밥과 내가 먹을 밥 모두를 끊을 수 없어 통증을 견디며 일을 한다.

의사는 이렇게 말했다.

"엘보라는 게 움직이지 않으면 자연스럽게 낫는 병이지만 움직이지 않을 수 없는 사람들에게나 찾아오는 병이죠."

하나마나 한 소리 덕에 팔꿈치의 통증은 예사로운 것이 되고 말았다. 통증이 예사로운 것이야 하루 이틀 일이 아니므로 의사의 진단은 그러려니 할 수 있겠으나 다만 안타까운 것은 이 고통을 '무목'으로 치환할 방법이 떠오르지 않는 것이다. 밥을 팔아 너의 입과 나의 입에 넣어야 한다는 목적이 너무나도 명료해서 예사롭게 여기려야 여길 수 없다. 겨우겨우 웃어 넘기려 하면 밥이 넘어가는 목울대에 통증이 걸려 턱 숨이 막히고 만다. 장사를 말아먹어도 히죽 웃을 수 있다면 깁스라도 하고 며칠 쉬어가자 말할 수 있을 테지만, 아무 대책없는 휴식은 '필망'으로 이어지는 자영업 롤러코스터에 올라탄 이상, 노동과 통증을 하나로 엮을 수밖에 다른 도리가 없다. 하여 아침부터 밤늦게까지 이빨을 앙다물고 하루 종일 '깨스불' 위에 프라이팬을 굴리고 또 굴려 밥을 볶는다.

그리고 오늘은 일주일에 하루 있는 휴일이었다. 휴일이라도 가게에 나가 미뤄둔 일을 했지만 오늘은 공원과 시장을 어슬렁거리며 연꽃을 구경하고 머리고기를 안주 삼아 막걸리도 한 병 마셨다. 그렇게 어슬렁거리는 와중에도 팔꿈치의 통증은 계속 느껴졌다.

'나의 에너지가 소비재로 전락하지 않고, 나의 통증을 자연스럽게 견디며 무목으로 치환할 방법은 없는가.'

어슬렁어슬렁 술 취한 발걸음으로 시장 한귀퉁이를 지날 때는 무더위가 기승을 부리는 오후 3시 무렵이었다. 시장은 한산했고 상인들은 저마다 나름의 휴식을 취하고 있었다. 파라솔 아래 이불을 깔고 잠을 자는 좌판 상인부터 늦은 점심을 먹는 아주머니, 나처럼 점심과 낮술을 겸하는 아저씨들, 다라이를 뒤집어놓고 그 위에 팔을 괴고 눈을 감은 할머니, TV를 보는 아주머니, 고깃간에서 칭얼대는 아이를 안고 달래는 부인과 그 울음을 무심하게 견디며 고기를 써는 아비, 무더위에 시들어가는 총각무와 반짝 향기로운 자두….

묵직한 통증을 무심함으로 감내하는 사람들 사이로 향기로운 자두 냄새가 차악 내려앉아 팔랑거린다. 장맛비가 내릴 모양이다.

닭의 모가지를 비틀던 새벽

가진 것 없고 배운 것 없는 이에게 기복(祈福)만큼 큰 위안을 주는 것이 또 있을까. 높은 하늘에서 굽어 살피시는 큰 신들이야 돌봐야 할 어린양과 중생이 차고 넘치니 주문이 접수되는 데 오랜 시간과 정성이 드는 데다 자잘한 기복까지 들어줄 턱이 없다. 그럴 때 찾는 제3금융권처럼 내 잠자리 옆에서 함께 잠 자고 밥상 차리면 함께 밥 먹고 부뚜막에서 눈물 훔치면 어깨라도 다독여주던 가택신에게 복을 빌고 의지하며 위안 삼는다.

　가게라봐야 손바닥만이나 헌 놈의 가게 열면서 무슨 뻑적지근한 개업식을 했겠는가. "나는 음식을 허고 너는 배달을 허자"며 두 사람의 의기를 하나로 합해 동분서주, 식당이랍시고 차려놓고 서로의 얼굴을 바라보며 멋쩍게 웃었다. 허름한 식탁 위에 사과 한 알, 배 한 알, 육포 서너 장, 청주 한 사발 따라 올리고 성주신께 우선 절을 올렸다.

"무탈허게 보살펴주시고 장사 잘되게 혀주시오."

그 사발에 담긴 술은 두 사람이 절반씩 나눠 마시고 다시 빈 사발에 청주를 따라 개수대와 불판 위에 뿌리며 중얼거렸다.

"물난리, 불난리 나지 않게 허시고."

가게 바닥에 청주 한 사발을 붓고 중얼거렸다.

"풍년 들고 재복 들게 허시고."

문지방과 간판에 청주 한 사발을 붓고 중얼거렸다.

"드나드는 사람들 어여삐 여기시고."

오토바이에 청주 한 사발을 붓고 중얼거렸다.

"배달허는 저놈 사고 나지 않게 지켜주시고."

화장실에 들어 청주 한 사발을 붓고 중얼거렸다.

"놀랄 일 없게 허시고."

냉장고와 소금단지에 청주 한 사발을 붓고 중얼거렸다.

"음식 상허지 않게 잘 보살펴주시오."

이 모두가 다 제 군은 의지와 성실한 노력과 사려깊음에 달린 것일 테지만 이리 하고 나면 갠지스강에서 목욕하고 나온 인도 사람들만큼이나 개운한 기분이 드는 것을 어찌 말로 다

설명할 수 있으랴. 누군가, 어떤 알 수 없는 힘을 가진 존재가 든든한 버팀목이 되어줄 것만 같아 마음 한구석이 배부른 듯하고 기분 좋게 취한 것도 같다. 그 이유는 어려서부터 보고 배운 것이 그러해서 그렇다.

할미와 어미는 노력 여하에 상관없이 찾아드는 불가항력 앞에서 성주께, 조왕신께, 측신께, 칠성신, 터주신, 삼신, 장독신, 별별 신께 고개를 조아리며 염원했다. 어미나 할미가 유약하고 게으르고 공것을 바라는 성품을 지닌 사람이어서 그런 것은 아니었다. 누구보다 부지런했고 노력한 만큼 얻는다는 것을 평생 몸으로 버티며 체득한 사람들이었지만 그럼에도 불구하고 종국엔 가택신들을 불러내 염원했다. 불가항력이란 노력 여하와 상관이 없었으므로.

그렇게 두 사람이 초라한 개업식을 치르고 넉 달이 지날 무렵 내 힘으로 어찌해볼 수 없는 일들이 벌어지기 시작했다. 우선 함께 개업을 하고 배달을 맡아했던 친구가 더이상 함께하지 못하겠다는 말을 전해왔다. 개업을 준비하기 시작할 무렵부터 지금까지 6개월간 두 사람은 각자 가진 모든 에너지를 최대한 끌어모아 가게에 쏟아부었다. 체력은 바닥을 드러낸 지 오래고 열정도 식어가고 있었지만 그에 상응하는 금전적 보답을 얻기란 아직까지 요원하다. 처음 장사를 해보자고 부추긴 것은 나였다. 그 친구는 그간 군소리 한마디 없이 묵묵하게 일을 해주었으므로 떠난다는 사람을 붙잡을 염치는 더이상 남지 않았다.

당장 발등에 불이 떨어졌지만 비빌 언덕이 아주 없는 것은 아니었다. 그 비빌 언덕이라 허면, 주방일 경험은 전무허고, 겨우 20kg 쌀 한 포대 들마시하는(들어주는) 것이 고작인 '허당' 여직원이었다. 어쩌겠나, 이 자리를 지키는 것은 남은 사람들의 몫인 것을. 며칠간 밤잠을 설쳐가며 머리를 쥐어짜 메뉴와 가격을 조정하고, 배달 구역을 좁히고, 새로운 운영방향을 제시하고 서로 의견을 조율하려던 7월 1일 오전 11시 10분경. 사복경찰 두 명이 가게 문을 열고 들어서 여직원과 몇마디 대화를 나누더니 나를 문 밖으로 불러냈다.

"○○○씨는 범죄사실이 있어 수배가 내려져 있습니다. 아직까지 혐의가 명확하지 않고 프라이버시도 있어서 자세한 사항을 말씀드릴 수 없습니다만 오늘 중으로는 돌아오기 힘들 것 같고 시간이 더 길어질 수도 있습니다."

짐을 정리해 문을 나서는 여직원의 얼굴을 보아하니 본인도 무슨 일인지 모르겠다는 표정이었다.

"괜찮아요?"

나의 질문에 고개를 끄덕이는 여직원의 얼굴이 담담해 보여 그나마 안심이 되었다.

"다녀오시오⋯."

그렇게 하루가 시작되었지만 일이 손에 잡힐 리 없었다.

'어지간한 신은 다 챙겨드렸는디 측신이 조금 서운허셨나…. 며칠 사이 사람 기운을 이리 빼놓을 수 있소.'

사람이 벌인 일을 두고 측간에서 구린내 맡으며 고생하는 애먼 측신 탓이나 하며 구시렁대는 내가 한심해 보이기도 했다. 사람이 조금 모자란 듯 허당기가 있어서 그렇지 순하고 때때로 재치도 있어 이런 일에 연루되거나 당할 사람으로 보이지는 않았다. 무언가 오해가 있을 테고 조사를 받으면 누명이 풀릴 것이란 믿음이 없던 것도 아니었지만 내내 헛웃음이 나오고 한숨이 밀려나오는 것을 막을 길 없이 하루가 지나가버렸다.

'한 놈은 여섯 달 만에 못해먹겠대, 한 년은 경찰이 찾아와 끌고 가. 뭔 집구석이 이리도 버라이어티헌 거여. 푸닥거리라도 한바탕 혀야, 고사라도 지내야냐….'

사람 사는 일에 가장 큰 불가항력이란 결국 사람이런가. 그럼에도 가장 힘이 되는 존재 또한 사람일 테지. '내일 꼭두새벽에 다시 한번 술상이라도 차려 여러 가택신들 모셔다놓고 막걸리라도 한 사발씩 따라드려야 널뛰는 마음이 가라앉을 것이냐'도 생각해보았지만 허튼 생각 그만하기로 하고 시장에 들러 실한 달구새끼 한 마리를 사들고 퇴근을 했다. '가택신들이야 만날 천날 밥상머리 앞에 붙어앉아 밥 얻어 자시는 양반들이니 내일도 밥술 뜰 적에 옆에서 함께 밥술 뜨것지. 그 양반들

무탈하냐니 무탈하다 해서 자초지종은 다음날 듣자 하고 말려둔

약초를 챙겼다. 경남 남해군 바닷가에서 구해 말려두었던

하수오 두 뿌리와 충남 태안의 어느 숲에서 찾아낸 더덕과 산도라지,

잔대 말린 것 서너 뿌리, 섬진강을 지날 때 주워모았던 밤 몇알과,

대추 몇알을 챙겨두고 잠이 들었다.

이야 그 양반들이고, '떠나는 놈' 잘 먹여야 몸 성히 떠날 것이고, 잘났거나 못났거나 관청 들어가 '고초 겪은 년' 잘 먹여야 새 기운 날 것이며, 이꼴 저꼴 보느라 애탄 내 간장도 보해야 할 것잉게 달구새끼 폭신 삶아 먹이고 나도 먹어야것다'는 생각이 들어서였다.

여직원은 그날 밤 늦은 시간에야 조사를 마치고 귀가한다는 연락이 왔다. 무탈하냐니 무탈하다 해서 자초지종은 다음날 듣자 하고 말려둔 약초를 챙겼다. 경남 남해군 바닷가에서 구해 말려두었던 하수오 두 뿌리와 충남 태안의 어느 숲에서 찾아낸 더덕과 산도라지, 잔대 말린 것 서너 뿌리, 섬진강을 지날 때 주워모았던 밤 몇알과, 대추 몇알을 챙겨두고 잠이 들었다.

다음날 아침 일찍 가게로 나가 첫 물에 닭을 씻었다. 수돗물에 첫 물, 늦은 물이 어디 있겠느냐만 하루 지나 처음 여는 수돗물로 달구새끼며 약초를 깨끗이 씻어 솥에 담고 무르게 삶아 아침상을 차렸다.

떠날 놈, 갔다온 년, 아무 데도 못 갈 놈이 밥상에 둘러앉아 삶은 닭을 먹었다. 떠날 놈은 닭가슴살을 좋아해 닭가슴살을 찢어 밥그릇 위에 놓아주었고, 갔다온 년은 닭다리살을 찢어 밥그릇 위에 놓아주었다. 이 두 '연놈'은 닭껍데기를 먹지 않아 나는 닭껍데기를 골라 먹었다.

"너 좋아하는 닭가슴살이다."

"옥살이허고 나믄 잘 먹으야 혀. 어여 많이 먹어."

이 또한 배워먹은 것이 이러하다. 팔뚝 부러진 날 아비는 만춘향으로 나를 데려가 짜장면을 사먹였다.

"어서 많이 먹어라."

가출해서 한 달 만에 돌아온 날 어미는 상다리가 부러지게 저녁상을 차려냈다.

"밥도 못 먹고 살었간디 빠싹 말렀네. 어여 먹어."

파혼 소식을 알리고 터덜거리며 마당을 걸어 나설 때 어미는 달구새끼의 모가지를 비틀었다.

"가꼬 가서 삶어먹든 볶아먹든 알어서 잘 챙겨먹어. 내가 어서 죽어야지…."

아!!!

달구새끼 살을 발라 두 사람의 밥그릇 위에 올려주고 껍데기를 내 입에 밀어넣을 때 그 수많은 달구새끼들의 모가지를 비틀던 어미의 마음이 알아져버렸다. 자식이란 불가항력 앞에서 달구새끼의 목을 비틀며 못난 자식의 복을 빌었구나. 이것 먹고 몸이라도 성허라고, 산목숨이니 이것 먹고 목숨 부지혀서 제발 철 좀 들라고.

닭 한 마리를 게 눈 감추듯 발라먹고 난 뒤 자초지종을 듣자하니 울화가 치밀어올랐다. 잘못을 하기는 했으나 무엇을 잘못한지도 모르고 죄를 지어 벌금 445만원을 내고 풀려났다며 혜

벌쭉 웃고 있었다. 까마득히 오래전에 여차저차 사정이 있어 외국인에게 통장 하나를 빌려줬는데 그 뒤로 그 통장이 있었다는 사실을 잊고 지냈단다. 그런데 얼마 전에 그 통장이 범죄에 이용되었고 수배자 명단에 이름이 올라 경찰이 찾아온 것이었고 그것을 해명하느라 꼬박 하루가 걸렸다는 이야기를 신나는 무용담을 풀어내듯 재잘거렸다. 물론 타인에게 통장을 양도하였으므로 금융실명제법 위반으로 벌금형을 선고받게 되었다는 이야기까지 말이다.

"염병…, 내가 느그 아부지냐. 한 놈은 못혀먹것다고 뻗대, 한 년은 빙구짓이나 허고 댕겨…. 아이고, 멕인 달구새끼가 아깝다!"

그럼에도 불구하고, 어미는 또다시 어두운 새벽에 눈떠 잠든 달구새끼의 모가지를 움켜쥐었을 테지. 보고 배운 것이 이 모양이라 울안에서 함께 밥 먹는 사람이 빙구건 천치건 간에 몸이라도 성하게 해달라며 빌고 또 빌며 국수를 삶아 먹이고 청국장을 끓여 상 위에 올린다.

'떠나는 사람 다리에 힘 실어주시고, 남은 사람은 어떤 고된 일 앞에서도 지금처럼 허허 헤벌쭉 웃을 수 있는 여유 담아주시오.'

용숙이

어스름한 새벽녘에 뒤란 대밭에서 새끼고양이 울음소리가 들려왔다. 어미고양이가 멀리 사냥을 나갔겠거니 생각하고 다시 잠들어 아침에 눈을 떴는데 여전히 고양이 울음소리가 들려왔다. 닭 모이를 주러 뒤란으로 나갔을 때도 새끼고양이는 여전히 앵앵거리며 울고 있어서 소리가 들리는 대밭으로 들어가 댓잎을 들춰보았더니 그 안에 어린아이 주먹만 한 새끼고양이 한마리가 웅크리고 앉아 있었다.

"니가 키울 것 아니믄 그 자리다 그냥 둬라."

새벽같이 밭에 나갔다 돌아온 어미가 내 하는 양을 등 뒤에서 지켜보다 엄중히 경고하듯 말했다. 어미도 밤새 그 소리를 들었다고 말했다. 몇년간 집 주변을 어슬렁거리며 살았던 들고양이가 낳은 새끼인데 아마도 지난밤에 죽은 것 같다고 말했다. 집에 종종 들를 때마다 마당과 뒤란에서 마주친 어미고양이는 창고에 새끼를 낳기도 했지만 그해에는 대밭을 요람으로 삼았던 모양이다. 그 어미고양이가 새끼를 놔두고 아침까지 돌아오지 않을 이유가 달리 무엇이 있을까.

"그냥 둬라. 니가 감당 못한다."

새끼고양이는 그날 하루 종일 앵앵거리며 울더니 저녁 무렵이 되자 울음을 그쳤다.

용숙이가 가게 문을 열고 들어선 건 지난봄이었다. 전단지를 돌려 밥을 먹고 사는 용숙이의 나이는 스물여섯이지만 약간의 자폐가 있어서 열셋 같은 스물여섯으로 살아간다. 그러니까 용숙이는 열세살 때부터 스물여섯살인 지금까지 열세살로 살아왔고, 앞으로도 계속해서 죽는 날까지 열세살로 살아갈 것처럼 보인다. 용숙이를 보면 「렛 미 인」의 '엘리'나 「뱀파이어와의 인터뷰」의 '클로디아'가 떠오른다. 나이를 먹어도 늙지 못해 슬픈 영혼 말이다. 이곳이 동막골이라도 된다면 '여일'처럼 평생을 철부지 소녀로 살아갈 수 있을 테지만 여기는 21세기 대한민국의 도시 전주이므로 뱀파이어로도, 바보 여일로도 살아가기는 팍팍하기만 하다.

"전단지 300장만 주세요. 돌려주께요."

용숙이를 보자마자 든 생각은 다름 아닌 대밭 사이에 웅크리고 있던 새끼고양이였다. 가게 문을 열고 드나드는 수많은 영업사원들은 지나치는 풍경이자 일상일 뿐인데 이 아이는 쉬이 여겨지지 않았다. 한번 연을 맺으면 끊기도 어려울 것 같은 그런 느낌이 든 것이다.

'내가 이 아이를 감당할 수 있을까.'

우선 연락처를 받고 하루 동안 고민한 뒤 여러 우려를 접고 일을 주기로 마음먹었다. 그 뒤로 용숙이와의 연은 지금까지 이어지고 있다.

용숙이는 궁금한 것이 많다. 그렇지만 말이 어눌해 궁금한 것을 모두 물어보지 못하다가 어느 때건 방언처럼 말문이 터지면 묻기 시작한다.

"내가 말이 많은 것 같아요?"

음식 연기를 빨아들이는 닥트의 엔진 소음이 요란한 저녁 시간에 용숙이는 물었다. 튀김통에선 돈가스 기름이 끓고, 우동은 찰랑찰랑 끓어 넘치기 일보 직전이고, 시뻘건 불을 토해내는 불판에서는 밥이 볶아지는 와중에도 용숙이는 생각이 났고 말문이 터졌으므로 부뚜막의 괭이새끼처럼 맞은편 의자에 앉아 물었다.

'정신없어 죽겠는디 이것은 뭔 노무 귀신 씨나락 까잡수는 소리랴.'

"뭐??!!"

밥을 볶으며 고개를 돌려 용숙이를 바라봤더니 큰 소리로 다시 묻는다.

"내가… 말을 많이 하는 것 같냐고요~오?!!!"

주문 전화는 걸려오고 닥트는 정신없이 웅웅거리고 기름통 위의 타이머는 빽빽거리고 우동은 불어터지기 일보 직전인데 불판 위에 굴리던 프라이팬을 내려놓고 뒤돌아 팔짱을 낀 채 용숙이를 바라봤다.

"누가 너보고 말이 많대?"

"내가 너무 말이 많고 시끄럽고 귀찮대요."

사실 나의 이러한 몸짓은 일반인에겐 말 시키지 말라는 신호일 테지만 용숙이에겐 씨알도 먹히지 않았다.

"사람들이요, 내가요, 너무 말이 많고요, 시끄럽고요, 귀찮대요."

"용숙아, 이렇게 바쁠 때 그런 질문을 하면 시끄럽고 귀찮은 거지. 지금 바쁜 것 같아 안 바쁜 것 같아? 궁금한 게 있으면 대답할 사람이 대답할 수 있을 때를 기다렸다가 질문을 해야 되는 거야."

"네… 근데요, 왜 전화 안 받아요?"

용숙이

'그래. 내가 잘못했다….'

"너한테 대답해주느라 전화도 안 받고 이러고 있잖아!! 이 썩을년아!! 아이구….'

"알아요, 근데요, 시간이 지나면 이상하게 까먹으니까 생각났을 때 물어보는 거예요. 내가 시끄러워요?"

"그렇지. 그래서 시끄런 거여. 이 난리통에 그게 말이냐 막걸리냐!! 시끄러!! 입 다물고 앉었어!!"

"그럼요, 조용히 할 테니깐요…. 사이다 한 병 먹으께요."

'시바….'

"먹어라, 먹어. 일단 사이다로 그 입구녕을 좀 막어야 쓰겄다. 임병, 돈가스 다 타부렀네, 잡것….'

용숙이는 가끔 공장에도 나가고 단순작업 아르바이트도 하지만 주로 전단지를 돌려 밥을 먹고 산다. 전단지 배포업자에게 일을 받으면 장당 25원, 나 같은 호구를 만나면 장당 35원을 받는다. 주로 업자를 통해 일을 하지만 일이 없을 때는 나 같은 호구를 찾아다니며 일을 구걸하는데, 그마저도 여의치 않은 모양이다. 어눌하고 바보 같아서 어느 놈은 등쳐먹기도 하고, 욕하며 내쫓기도 하는가 하면, 시끄럽게 굴지 말라며 손찌검을 하는 이도 있는 모양이다. 그렇게 사람들이 용숙이를 밀어내기 위해 핑계 삼았던 '시끄럽다'는 말을 용숙이는 진심으로 받아들인 모양이었다.

이 시대는 **이런 용숙이**에게 밥 한술 나누어주지 않는다.

삼식이와 칠푼이가 대통령이 되고부터는

날로 내 밥그릇이 작아지는 기분이 들었는데,

그 시절이 길어지면 길어질수록 내 밥그릇만 작아지는 것이 아니라

용숙이의 밥그릇도 작아져만갔을 것이다.

용숙이

어릴 적에 어느 마을이건 바보 한두 명은 있기 마련이었다. 우리 마을에도 있었고 건너, 그 건너 마을에도 있었는데, 부모가 있는 바보도 있었고 없는 바보도 있었다. 부모가 있거나 없거나 바보 하나를 건사하는 일은 마을 사람들 공동의 몫이었다. 바보들은 마을에서 말썽도 피우고 동네 어린것들이 마음에 안 들면 한 대씩 쥐어 패기도 하며 살았다. 어른들에겐 허구한 날 구박받고, 만날천날 뒷전으로 밀려도 끼니때 나타나면 밥상에 밥 한그릇과 숟가락 젓가락을 놓아주었다. 또한 겨울날 잠잘 곳이 없으면 부뚜막에 이불이라도 깔아주었다. '그것도 산목숨'이었으므로.

어느날인가 전단지 배포를 부탁하려고 용숙이를 가게로 불렀더니 울먹거리며 말했다.

"아파요."

'이것이 너무 일이 고된가…'

"어디가 아퍼? 오늘은 쉬고 다음에 전단지 돌릴까?"

"아뇨, 그게 아니라, 마음이 아파요. 가슴이 막 아파요."

용숙이는 시키는 일을 잘 하지 않는다. 못하기도 하거니와 내키지 않으면, 혹은 한눈팔 거리가 생기면 안 하기도 한다. 봄에 전단지를 손에 들려 보냈더니 하루 종일 꽃구경을 하다 그냥 돌아왔노라고 말했고, 여름이 시작되자 너무 더워 나무 그늘에서 쉬었노라고도 말했다. 아파트만 돌리고 싶고(주택이나 단층 아파트보다 엘리베이터가 있는 아파트가 전단지 돌리기엔 더 없이 수월하지만 주문전화가 걸려오는 횟수는 적다), 귀찮으면 내일 돌리겠다고 말하곤 연락이 없는 날이 며칠이건 이어지기도 했다. 나한테만 그랬겠는가. 그래서 용숙이는 시끄럽고 귀찮고 '돈값 못하는 것'이 되어버렸다. 유년기의 그 시절이었다면 미우나 고우나 서로의 밥 한술을 떼어 먹였을 테지만 이 시대는 이런 용숙이에게 밥 한술 나누어주지 않는다. 삼식이와 칠푼이가 대통령이 되고부터는 날로 내 밥그릇이 작아지는 기분이 들었는데, 그 시절이 길어지면 길어질수록 내 밥그릇만 작아지는 것이 아니라 용숙이의 밥그릇도 작아져만갔을 것이다.

울컥 눈물을 쏟아내려는 용숙이를 큰 소리로 불렀다.

"용숙아!!"

용숙이는 깜짝 놀랐는지 멍한 표정으로 나를 올려다보았다.

"내가 너의 호구가 되어주께."

"호구가 뭐예요?"

'시바…'

"그런 게 있어. 너한테 전단지 주는 사람이 호구여. 긍게 꾀 부리지 말고 나가서 열심히 전단지 돌려."

"음…. 그럼요, 열심히 돌릴 테니까요, 다 돌리고 오면 맛있는 거 해주세요."

"야 이 썩을것아!! 내가 니 호구가 맞긴 맞는갑다!! 어여 나가 전단지나 돌리고 와!! 밥도 줄랑게!!"

　용숙이는 전단지를 돌리고 돌아와 밥을 먹고 TV를 보고 노래를 듣고 소파에 누워 잠을 자고 커피를 마시고 생각나는 말이 있으면 두서없이 내뱉는다. 요즘은 전단지 돌릴 일이 없어도 가게로 나와 밥 얻어먹고 낮잠도 한숨 주무시다 해질 무렵이나 되면 하품 한번 하고 집으로 돌아갈 때도 있다. 누군가는 그 꼴을 왜 보고 참고 견디느라 애를 쓰는지 모르겠다며, 너 아녀도 여태 잘 먹고 잘 살았을 텐데 무슨 오지랖으로 그것을 먹여살리느냐며 머퉁이를 주기도 한다. 그럴 때마다 나는 용숙이처럼 환하게 웃어 보인다.

　"허허헝."

　제 밥 찾아먹을 만하니 그 얼마나 다행이며, 겨우 밥 한그릇 내어주는 사람에게 그토록 환하게 웃음 지어주는 사람 있으니 그 웃음에 내 기분이 좋아진다. 그만하면 밥값 하는 거다. 그만한 사람 밥이라도 한술 떼어줄 수 있으니 나 또한 먹은 밥값은 하는 것이지 않겠나. 그러므로 '오지랖' 같은 말은 집어치우시라.

　오늘도 용숙이는 아침 일찍 찾아와 한 시간 넘게 혼잣말을 하고 의자에 앉아 졸기도 하더니 도시락 하나와 사이다 한 병을 싸들고 전단지 돌리러 길로 나섰다. 밖에 나가 무엇을 하는

지 모르겠지만 신규 전화는 한통도 걸려오지 않는 걸 보면 나무 그늘에 앉아 도시락 까먹고 낮잠도 한숨 주무시는 모양이다. 낮에 못 돌리면 밤에라도 돌릴 테고, 오늘 못 돌리면 내일이라도 돌릴 것이다.

언제까지 감당할 수 있겠느냐고? 이제는 감당할 만하다.

사람의 냄새

장사를 시작하고 몇개월이 지나 사람 없는 집안에 발을 들인 그녀는 어쩐지 우리집이 아니라 낯선 집에 잘못 들어선 느낌이 들었노라고 말했다. 책장·걸상·침대·서랍장·세탁기·냉장고를 비롯해 집안의 물건들은 언제나 그 자리에 그대로 자리 잡고 있었지만 공간을 채우던 냄새가 사라지자 낯설게 느껴진다는 것이다. 그 사라진 냄새는 밥 냄새였다.

서울에서 품을 팔아 밥을 버는 그녀와 만날 수 있는 시간은 한 달에 고작 하루이틀뿐이다. 먼 걸음 한 귀한 사람에게 밥이라도 내 손으로 지어먹여야겠다 마음먹고 그녀가 오기 전날

장을 보고 반찬을 만들고 국을 끓이고 밥을 지은 지 3년이 지났다. 비린 밥 냄새가 온 집안에 배어들고 생선 굽는 기름 냄새, 새콤하게 익어가는 물김치 냄새와 곰삭은 젓갈 냄새, 추운 날 몸을 녹여줬던 뜨끈한 된장국물 냄새가 '우리집' 냄새가 되었고 또한 그녀가 기억하는 나의 냄새가 되었다. 찬바람을 이끌고 집안으로 들어선 그녀는 밥의 온기와 냄새로 추위를 떨치고 서울의 때를 벗겨냈다.

나는 이미 몇개월 전부터 그 낯섦을 느끼고 있었다. 새벽에 눈떠 문을 열고 식당에 나가면 밤늦은 시간에야 집으로 돌아온다. 가스레인지 한번 켤 일이 없고 냉장고 문 한번 열어볼 기운이 없다. 겨우 샤워를 하고 세탁기에 빨래를 돌리면 그대로 침대에 고꾸라져 잠이 들고 새벽이면 일어나 집을 나선다. 그렇게 몇달이 지나자 집안에 남은 냄새란 싸구려 샴푸와 섬유유연제 냄새뿐이다. 이 세제들의 향긋한 냄새가 얼마나 가볍고 천박하고 낯선 것인지를 밥 냄새가 사라진 집안에 들어설 때마다 느낀다. 밥을 팔아 밥을 버는 사람인데 아이러니하게도 그 사람의 집에선 밥 짓는 냄새가 사라져버렸다.

"음식을 해먹지 않으면 집에서 사람 냄새가 거짓말처럼 가시는 느낌이 들어요."

그래, 그것이 사람 냄새일 것이다. 고급스러운 향수, 향초, 방향제, 탈취제, 섬유유연제, 로션, 스킨, 샴푸, 비누 따위가 그 냄새를 대신할 수 없다. 헤어지고 하루 이틀은 그녀의 얼굴이 아른거린다. 며칠이 더 지나면 모습은 희미하게 사라지고 촉감이 남는다. 살결, 머릿결이 손과 얼굴에 닿았던 느낌마저 사라질 즈음이면 어디에서 불어오는 것인지 모를 그녀의 땀 냄새와 오장육부에서 밀고 올라온 그녀만의 사람 냄새가 코끝에서 일렁거린다. 손수 지은 밥을 기분 좋게 나눠 먹고 배가 든든해지면 그 사람만의 좋은 냄새가 몸에서 배어나온다. 사람들은 그 냄새를 부끄럽게 여기거나 감추고 싶어 향수를 뿌리고 이를 닦지만 그 냄새가 없다면 당신은 유령이나 다름없을 것이다. 한 달이 넘도록 만나지 못할 때면 그녀만의 냄새가 더욱 짙어지는데 손에 잡히지 않는 그 냄새는 더욱더 깊이 뇌리에 사무쳐 명료해진다. 전주로 향하는 그녀의 들숨에서도 오래전부터 '그 사람'의 냄새가 일렁거렸을 것이다. 그런데 문을 열고 들어선 집에서 익숙했던 냄새가 사라졌으니 얼마나 낯설고 서운했을까.

내 아비는 한 달도 넘게 중환자실에서 무의식 상태로 연명하다 집에 돌아와 숨을 거뒀다. 그 한 달간 목구멍으로 넘긴 것은 아무것도 없었는데 임종 순간 배내똥이 나왔다. 마지막 날숨에서 느껴졌던 지독한 악취가 배내똥에서도 똑같이 느껴졌다. 나는 물수건으로 배내똥을 닦아내고 다시 깨끗한 물수건으로 온몸을 닦아냈다. 그럼에도 죽은 사람의 냄새는 가시질 않았고 내 손과 몸에 깊이 배어들었다. 방바닥에도, 이불에도, 장롱에도, 천장에도 그 냄새가 배어들어 사람의 죽음을 전했다. 그렇게 장사를 치르고 사흘 뒤 아비가 숨을 거둔 자리에 이불을 펴고 누워 잠을 잤다. 그곳은 평소 내가 누워 잠을 자던 자리였으므로 그렇게 했다. 집안에는 여전히 지독한 죽음의 냄새가 남아 있었지만 방향제나 탈취제를 뿌려 그 냄새를 가리려는 생각을 어미나 나는 하지 못했다. 사람은 죽어 사라지고 죽음의 냄새만 남아 있지만 그 방은, 그 집은 생로병사가 끊이지 않았던 '집'이었으므로 죽음의 냄새 또한 들숨으로 호흡되는 삶의 이유가 된다. 그것은 할머니의 죽음으로도 증명된 것인데, 할머니 또한 아비가 숨을 거뒀던 같은 자리에서 임종을 맞았고, 그 뒤로 오랫동안 그 자리에 상을 펴고 밥을 먹고 잠을 잤으므로 삶은 여전히 죽음의 냄새를 호흡하며 이어져왔다. 그러므로 아비가 남긴 죽음의 냄새는 다시 살아가는 사람들의 냄새 안으로 스며들 것이었다.

　나는 다음날 아침에 일어나 밥을 지었고 밥상을 들여 어미를 먹였다. 그렇게 밥 비린내와 박대 구운 기름내, 풋고추 볶은 간장 냄새가 한끼 한끼마다 켜켜이 쌓여 오늘에 이르렀다. 냄새가, 묵은 냄새가 그뿐이겠는가. 어려서부터 깔고 덮었던 요와 이불의 호청을 벗겨보면 내가 지린 오줌 자리가 여전히 누렇게 남아 있고, 낡은 서랍장에는 언제 입었는지 기억도 나지 않는 낡은 옷가지가 그 시절의 냄새를 품고 잠들어 있다. 그 냄새들이 하나로 합쳐져 공간을 채운다. 그 안에서 묵은 땀내 나는 베개를 베고 누우면 그 어느 잠자리에서보다 더 깊고 편안한 잠에 빠져든다. 누구에게도 권유할 수 없는, 하물며 내 형제나 그녀에게도 권유할 수 없는, 나 혼자 편안할 수 있는 냄새가 배어 있다. 그 편안한 냄새 안에는 아비의 죽음을 알렸던, 그 어떤 냄새보다 지독했던 배내똥 냄새도 섞여 있는 것이다.

그녀는 내가 출근하고 혼자 남은 시간 동안 밥을 지어놓고 서울로 돌아갔다.

"밥을 챙겨먹을 시간은 없을 테지만 집에 들어왔을 때 밥 냄새가 나면 집에 왔다는 느낌이 들 것 같아 밥 지어놓고 가요. 앞으로도 종종 밥을 지어놓을게요. 입맛 없어도 한술씩 뜨고 가요."

그리고 한 달이 지났다. 집 안에 또다시 싸구려 세제와 섬유유연제 냄새와 눅지근한 습기를 타고 스멀스멀 기어나온 시멘트 냄새가 뒤섞여 가득 찰 무렵 오랫동안 알고 지낸 친구 집에서 하룻밤을 보내게 되었다. 어쩌면 부모형제보다 더 살가운 이 사람의 집에 들락거린 지 어림 20년이 다 되어간다. 좀처럼 살림살이가 나아질 기미가 보이지 않는 헐거운 집이지만 언제든 찾아가 밥과 잠자리를 청하면 넉넉하게 먹이고 따뜻하게 재워줬다. 그렇게 그의 집에서 밥 먹고 잠잔 시간이 평생의 1할은 될 터이니 어미가 내주는 밥과 이부자리만 못할 게 없다. 새벽 늦은 시간까지 이야길 나누고 잠들어 아침이 되었을 때 밥 냄새에 얼핏 잠에서 깨어났다. 주방에선 달그락거리는 소리가 들리고 지금 막 밥솥 뚜껑을 열기라도 했는지 밥 비린내가 닫힌 문틈 사이를 비집고 들어왔다. 아침 7시가 조금 넘은 시각이었으니 작은딸 학교 보내려고 밥을 짓고 국을 끓이는 모양이었다. 그 냄새가 어찌나 편안하고 좋던지 그대로 깊이 잠들어 한 시간 뒤에 다시 눈이 떠졌다. 이번엔 달걀프라이를 하는 기름 냄새가 코끝에 와닿았다. 늦둥이 막내아들 학교 보내려고 밥을 차리는 모양이었다. 새벽 늦게까지 서로의 고단한 삶을 푸념하듯 내뱉었지만 아침이 되면 어김없이 밥을 지어 새끼들 먹이고 학교 보내는 그 냄새가 지난밤을 뒤덮었던 나의 걱정을 무색하게 만들었다.

"산이야, 일어나서 밥 먹고 학교 가자."

부스스한 얼굴을 하고 거실로 나가봤더니 아이는 여전히 엉덩이를 하늘로 치켜들고 뒤척거리고 있었고 친구는 다시 한번 낮은 목소리로 아이의 잠을 깨웠다. 몇시간밖에 눈 붙이지 못하고 일어난 친구의 얼굴은 고단해 보였지만 어린것의 옹알이에 이내 환하게 피어났다. 현관문을 열고 마당에 나가봤더니

주방에선 달그락거리는 소리가 들리고 지금 막 밥솥 뚜껑을 열기라도 했는지

밥 비린내가 닫힌 문틈 사이를 비집고 들어왔다. 아침 7시가 조금 넘은

시각이었으니 작은딸 학교 보내려고 밥을 짓고 국을 끓이는

모양이었다. 그 냄새가 어찌나 편안하고 좋던지

그대로 깊이 잠들어 한 시간 뒤에 다시 눈이 떠졌다.

새끼고양이 두 마리가 문 앞에 앉아 밥을 기다리고 있었다. 얼마 전 어느 창고 구석진 자리에서 주워온 길고양이 새끼라는데 밥을 먹였더니 떠나지 않고 집고양이가 되었다고 했다. 그고양이들도 밥 짓는 냄새에 잠을 깨 문 앞에서 친구의 밥을 기다리는 모양이었다.

'길고양이도 밥 냄새에 길들여져 집고양이가 되는구나.'

친구에게 이러한 삶이 고단하지 않냐고 묻는다면 고단하다고 대답할 것이다. 이러한 삶이 행복하냐고 묻는다면 또한 행복하다고 대답할 것이다. 밥을 차리는 그의 얼굴엔 이 두 가지 대답이 모두 담겨 있었고 나 또한 그 대답을 짐작할 만한 삶을 살아가고 있다.

며칠간 허기가 일 때마다 친구가 차리던 아침밥 냄새와 그녀의 날숨 냄새가 코끝에서 진동을 했다. 하루 종일 튀기고 볶고 굽느라 기름 냄새가 온 가게를 뒤덮어도 그녀가 오기로 한 날이 가까워지면 가까워질수록 기름 냄새는 느껴지지 않고 비릿한 밥 냄새만 코끝에 와닿았다. 그 이유는 아마 두 달 전부터 계획하고 있던 여름휴가 때문일 것이다.

우리는 이번 여름휴가 동안 집에서 밥을 지어먹으며 보내기로 결정하고 그날이 오기만을 학수고대했다. 무더운 여름날 사람들 틈에서 고생하지 말자는 뜻이기도 했지만 서로에게 가장 소중한 휴식처인 '집'을 복원하자는 의미이기도 했다. 두 사람에게 공히 가장 행복했던 공간을 꼽으라면 섬진강도, 지리산도, 동해 바다도, 설악산도, 강화도도 아닌 '집'임이 분명한데 여느 모텔이나 다름없는 공간으로 전락시켜버린 것은 안타까운 일이 아닐 수 없었다. 그래서 이번 여름휴가는 집이 품었던 냄새를 회복시키기 위해 불철주야 노력했다. 우선 그녀는 깻잎장아찌와 족발을 준비해왔다. 나는 빵을 굽고 불고기와 닭고기를 준비했다. 로컬푸드에 들러 동부콩과 두부, 가지, 토마토를 비롯한 몇가지 식재료를 구입하고 가까운 빵집에 들러 후식으로 먹을 만주 몇알을 사들고 집으로 들어왔다. 그러곤 나흘 동안 특별한 일이 없는 한 집 밖에 나가지 않고 밥을 지어먹고 잠자고 뒹굴었다.

첫날은 가게에서 팔고 남은 음식과 그녀가 싸온 족발 냄새가 집안을 뒤덮었다. 다음날 아침엔 동부를 넣어 밥을 지었다. 비릿하면서 고소한 콩 냄새가 집안에 가득 배어들었다. 김치콩나물국을 끓이고, 불고기를 볶아 상에 올렸다. 그녀가 준비한 깻잎장아찌 냄새가 입안과 집안에서 향기롭게 맴돌았다. 닭고기를 넣은 카레의 향이 온 동네로 퍼져나갈 만큼 강렬했다. 아무것도 하지 않고 밥만 지어먹고 어슬렁거리고 방바닥과 침대를 오가며 뒹굴거리고 잠을 잤다. 잠에서 깨면 또 무언가를 먹거나 동네를 어슬렁거리며 시간을 보냈다. 그렇게 집은 사람이 사는 집으로 복원되었다. 여기에 계속해서 다양한 음식 냄새를 덧칠하고 서로의 날숨을 불어넣고 삶의 찌꺼기들이 말라붙으면 그 고단함을 잠재우는 집이 될 것이다.

그리고 언젠가, 멀지 않은 시간 안에, 지금 살고 있는 집을 떠나 두 사람이 평생을 살다 죽어도 좋을 집으로 이사갈 수 있길 바란다. 나는 그녀를 처음 만나던 날부터 그녀의 죽음을 떠올렸다. '이 사람은 내 품에서 숨을 거둘 것 같다'는 생각을 했는데, 그녀가 임종을 맞을 공간이 두 사람의 희로애락과 체취가 짙게 밴, 두 사람만이 편안할 수 있는 '집'이기를 바란다. 나는 내 아비에게 했던 것처럼 그녀의 배내똥을 닦아내고, 깨끗이 몸을 닦고, 그 자리에서 다시 잠을 자다 그녀가 남긴 죽음의 냄새를 맡으며 생을 마감하고 싶다.

방향제, 탈취제, 세정용품, 화장품 등의 TV 광고를 보고 있노라면 안타까운 생각이 든다. 자신이 품은 냄새가 그리도 부끄럽고, 사랑하는 사람의 체취가 그리도 불쾌할까.

"어흐, 오빠 냄새~"라며 머퉁이를 주는 TV 광고를 볼 때마다 생각한다.

'야 이것아, 나중에 그 오빠 냄새가 뼈에 사무치게 그리울 날이 올 것이다.'

파는 밥에 담은 진심 함량

밥을 팔아 밥을 버는 사람의 입으로 할 소리는 아니지만, 돈을 받고 내주는 밥은 치사하다. 가령, 푸짐하고 맛있고 저렴하기까지 한 음식점의 음식이라 하더라도 혼이 담긴 '구라'를 넘어서긴 어렵다. 그 이상, 그러니까 구라가 아닌 진심만을 담아 밥상을 차린다면 그 음식점은 곧 문을 닫고 말 것이다.

내가 판매하는 밥의 진심 함유량은 25% 안팎에 불과하다. 나머지 75%에는 계산과 구라가 담겨 있다. 어쩌면 75%에 달하는 계산과 구라 덩어리를 25%의 진심으로 포장해 식탁에 앉은 손님 앞에 내려놓는 것일지도 모른다. 간혹 이 얄팍한 진심이 찢어져 누추하고 구린내 나는 속살이 밖으로 드러나기도 하고, 그 얄팍한 진심이 더욱 얇아져 누추한 계산과 거짓말이 흐릿하게 비춰질 때도 있다.

　나는 매일 아침 계산과 구라를 감싸고 있는 얄팍한 진심의 안쪽에서 하루치 진심을 요리한다. 고개를 들어 하늘을 보면 진심포장지 건너 바깥세상이 흐릿하게 눈에 들어온다. 달걀 한 판을 50등분 할 방법을 모색하고, 썰어낸 고깃덩어리를 저울 위에 올려 일정량으로 분할했는지 측정하는가 하면, 김치 한 조각을 더 주느냐 마느냐를 두고 고심한다. 그렇게 준비한 재료로 진심을 요리하고, 요리한 진심에 구라를 더한다. 아이와 함께 먹을 수 있는 음식이라느니, 최고의 재료를 선별해 만들었다느니, 인공조미료는 일절 사용하지 않았다느니, 서비스라느니, 할인이라느니… 갖은 구라를 덧씌워 배고픈 사람들을 현혹한다. '최고의 재료'라는 말 앞에 붙은 '상대적'이란 말은 의도적으로 뺐고, 시렁 위에 미원이나 다시다가 놓여 있지 않을 뿐이지 사용하는 수많은 가공식품(간장, 된장, 고추장, 케첩, 토마토퓌레, 우스터소스와 같은 소스류뿐만 아니라 어묵, 소시지, 가다랑어포, 멸치까지도) 안에 인공조미료와 색소, 고과당 옥수수시럽, 방부제, 안정제와 같은 식품첨가물들이 듬뿍 담겨 있다는 사실을 누구보다 잘 알고 있음에도 '인공조미료 무첨가'를 뻔뻔하게 홍보한다. 거기다 더해 서비스, 할인, 이벤트, 추첨 따위는 계산 놀음에 불과함에도 영혼을 담아 호갱님을 위하는 척 미소짓는다. 이러한 허영과 가식, 거짓, 허세 덩어리를 '밥'이라는 실존하는 현물에 담는다. 그 밥이 25%짜리 진심포장지이다.

언젠가 밥과 잠자리를 내주던 친구는 그가 겪었던 유년기의 일화를 들려주며 나눔에 대한 자신의 생각을 이야기했다.

친구는 섬에서 나고 자랐는데, 친구를 포함한 삼형제를 홀어미 혼자서 건사했다. 섬에서 여자 혼자 세 아이를 건사하는 일은 여간 고된 일이 아니어서 날마다 품을 팔거나 바다에 나가 먹을 것을 구해야 했다. 어느날 친구의 어머니는 횡재수가 들었던지 큼지막한 농어와 우럭을 잡아 잰걸음으로 집을 향해 올라오는데 할머니와 단둘이 사는 아랫집 아이와 마주치고 말았다. 어머니는 아랫집 아이에게 밥은 먹었느냐고 물었더니 아직 못 먹었다는 대답이 돌아왔다. 그 대답을 듣고 그대로 가던 길을 갈 수 없어 손에 들고 있던 우럭 한 마리를 아이의 손에 들려주었다. 어머니는 우럭을 내주면서 고민이 들었다. 우럭이 아무리 크기로서니 맛이나 크기가 농어만 하겠는가. 남에게 무엇을 내주려면 크고 좋은 것을 내줘야 할 테지만 집에는 밥 굶으며 어미 오기만 기다리는 새끼가 셋씩이나 있는데 농어를 내줄 수는 없는 노릇이었다. 그래서 아랫집 아이에게 농어 대신 우럭을 내주고 집으로 돌아와 새끼들에게 농어를 끓

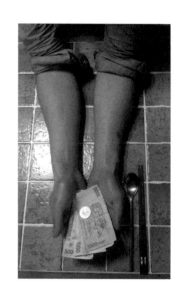

나는 농어를 먹었느냐 하면 그것도 아니다. 나 또한

노래미 새끼만도 못한 밥을 먹는다. 아니 젠장, 분명 농어와 우럭을 잡긴 잡았는데

그 고기는 어디로 사라지고 너나 나나 농어와 우럭의 뱃속에

들어 있던 노래미 새끼만 먹고 있는 것인가.

부는 어디로 사라져버린 것인가.

파는 밥에 담은 진심 함량

여 밥을 먹었다. 그리고 꽤나 오랫동안, 섬을 떠나 뭍으로 나와서까지도 어머니는 그날의 일을 부끄럽게 여겼다고 했다. 친구는 이 일화를 이야기하며 자신이 생각하는 나눔이란 이런 것이라고 말했다. 농어를 내줄 수 없는 사정은 누구에게나 있고, 우럭을 내줘서 미안해하는 마음이 이 세상에서 일어나는 나눔의 모습 아니겠느냐고.

그러나 돈을 받고 내주는 밥그릇에는 우럭도 아닌 노래미 새끼만도 못한 물고기가 담겨 있는 경우가 다반사다. 그렇다면 계산하고 구라쳐서 밥을 파는 나는 농어를 먹었느냐 하면 그것도 아니다. 나 또한 노래미 새끼만도 못한 밥을 먹는다. 아니 젠장, 분명 농어와 우럭을 잡긴 잡았는데 그 고기는 어디로 사라지고 너나 나나 농어와 우럭의 뱃속에 들어 있던 노래미 새끼만 먹고 있는 것인가. 크고 맛난 농어와 우럭은 어디로 사라져버린 것인가. 부는 어디로 사라져버린 것인가.

인건비, 4대 보험료를 비롯한 각종 세금, 전기·수도·가스 요금, 임대료, 카드수수료, 통신료, 은행 이자, 홍보비…. 그러고 보면 농어와 우럭은 이 모든 비용 속으로 녹아들었고 이 또한 나눔이라 할 만하다. 그런데 이상하다. 나는 왜 자꾸 내가 차려준 노래미 새끼를 받아먹은 사람들에게 미안해지고, 그렇게 미안해지는 만큼 날로 가난해지는 것일까. 그 이유를 설명해주는 수많은 책들, 개선 방법을 알려주겠다는 수많은 강의들, 너의 농어(부)를 지켜주겠다는 사기꾼들이 눈만 뜨면 씨부렁대지만 부유한 자보다 가난한 자가, 농어를 먹는 자보다 노래미 새끼를 먹는 자가 절대다수인 세상에 오늘도 살고 있다.

생각해보면 말이다, 나는 혹은 당신은 그 선한 마음으로 만인에게 당신의 농어를 나눠주겠다며 이런저런 세금과 수수료로 떼어주었는데 결국 그것은 나눔이 아니라 호구짓이었던 건 아닐까.

출근 시간부터 퇴근하는 시간까지, 혹은 어느 야심한 시간까지도 21세기 쇠똥구리들이 낡은 유모차에 의지해 기어다닌다. 그 쇠똥구리들은 대부분 나이 지긋한 노인들인데 세상이 버린 상품의 찌꺼기들을 주어모아 굴리고 다닌다. 그들은 나이 들어 세상으로부터 버림받았고 버림받은 욕망의 찌꺼기들을 주워 밥을 먹고 산다. 그들은 한때 나나 당신들과 다름없이 노래미 새끼를 먹으며 농어의 살점을 떼어주던 사람들이다. 이제 그만 쉬어도 될 것 같은데, 국산 전자제품과 국산 자동차 애용 안 하면 큰일 나는 줄 알고 열심히 농어 살점을 떼어주며 국익 선양했던 사람들인데, 오늘날 쇠똥구리 신세일지 몰라도 내라는 세금 안 내면 큰일 나는 줄 알고 꼬박꼬박 내며 평생을 살았던 사람들인데 이제 그 농어 고기 한점 너그들이 떼어주면 안 되는 거냐. 국가에서 비용을 들여 치우고 정리하고 분류해서 재활용해야 할 쓰레기들을 노인들이, 쇠똥구리들이 알아서 척척 치우고 정리해주니 그들에 대한 대책 마련은 오히려 손해일 테지. 그럼에도 불구하고 그들이 이 시대에 발생한 찌꺼기를 치우기 위해 길거리로 나서는 것을 방관하는 자세는 패륜에 가까운 것이다. 젖동냥도 유분수지 그만큼 키워놨으면 농어는 그만두더라도 우럭은 내줘야 하는 것 아니겠느냔 말이다.

처음 밥을 팔기 시작할 때는 최소한 우럭이라도 내주는 심정으로 밥장사를 하자고 마음먹었지만 나는 그보다 훨씬 더 초라했고 치사했다. 나는 오늘도 노래미 새끼를 25%짜리 진심 포장지로 포장해 우럭이라고 우겨 식탁에 올린다.

그런데도 손님이 오냐고? (客が來るかって?)

꽤 오기는 와. (けっこう來るんだよ.)

고래의 도약

한낮에 내리쬐는 해는 뜨거워도 여기저기서 일어난 바람은 그 늘진 자리를 찾아 돌아다니는 계절이 되었다. 여름 내내 튀기고 볶는 열기를 견딜 수 없어 에어컨에 의지하며 보내다 얼마 전 태풍이 지나간 날부터 앞뒷문을 열어두고 밖에서 나도는 바람을 들여 열기를 식힌다. 어느날인가 그 바람을 타고 귀뚜라미 한 마리가 가게 안 구석진 자리로 들어 울기 시작했는데, 처음엔 개수대 아래 어딘가에서 찌르륵거리더니 며칠 전부턴 자리를 옮겨 냉장고 뒤에서 울어댄다. 찌르륵 시르륵. "인마!" 하고 소리치면 뚝 그쳤다 이내 시르륵 시르륵, 제 나름 소리를 낮춰 말한다.

"나 여그 있어라우."

"야 이놈아, 냉장고 뒷새배기 구석진 자리 숨어서 내 임 어딨냐고 밤새 울어봐라. 뭔 소용 있겄냐, 쯧쯧."

말은 이리해도 거기 구석진 자리 모습을 알 수 없는 무엇 하나 살아 있어선지 아침에 문 열고 들어서면 귀 기울여본다. 찌르르륵 시르르륵.

"밤새 안녕하셨는가."

여행중에 동해에서 만난 정해연 할아버지는 아침에 눈떴을 때 몸 안으로 몸살이 들었다 싶으면 이불을 걷고 벌떡 일어나 허공을 향해 고개 숙여 인사를 한다고 말했다. "아이고, 이렇게 이른 아침부터 누추한 늙은 몸으로 찾아오시느라 얼마나 고생이 많으셨어요. 어서 오세요"라며 몸살을 반갑게 맞이한 뒤에 그날 아침부터 할 수 있는 한 최선을 다해 잘 먹이고, 편안히 쉬게 하고, 잠도 잘 재우고, 모른 척하지 말고 두런두런 말동무도 해드려야 몸살이 기분 좋게 떠난다는 것이었다.

정해연 할아버지를 바닷가에서 처음 만났을 때 나는 심한 몸살을 앓고 있었는데 그 몸살을 떨쳐보겠다며 일부러 해변을 뛰어다니고 차가운 바닷물로 뛰어드는 내 꼴이 한심하고 안타까워 보였던 모양이다.

"젊다고 다 이겨지는 것은 아니네."

정해연 할아버지 부부는 자신들에게 든 몸살이라도 대하는 양 밥과 반찬을 싸와 나에게 먹이고 두런두런 이야기도 나누며 이놈의 몸을 쉬게 했다. 그렇게 잘 먹고 잘 쉰 몸살은 다음 날 아침 홀연히 떠나버렸다.

계절이 바뀔 때면 언제나 마음이 혼란스러운데 특히 여름에서 가을로 접어지는 문턱에선 언제나 한번씩 헛발을 디뎌 넘어져서 작거나 큰 흉터 하나씩을 남겨왔다. 찬바람 일고 그 바람 타고 귀뚜라미 들어 반가운 마음 들었던 것도 잠시, 며칠 전부터 귀뚜라미 소리 들리지 않더니 그 자리에 우울이 들어선 것이다.

이 또한 마음에 든 몸살일 터인데 잘 먹이고 잘 쉬게 한다고 떠나는 놈이 아니어서 어찌할 바를 모르고 끙끙거리고만 앉아 있다. 불현듯 잠이 몰려와 초저녁부터 잠들어 다음날 늦은 아침에야 눈이 떠지는가 하면, 밤새 한숨도 못 자고 출근하기도 한다. 잠을 너무 많이 잔 날은 무기력해지고 잠을 못 잔 날은 몸이 견디지 못한다. 이렇게 찾아온 우울을 잘 먹이고 쉬게 해서 돌려보내는 방법을 알지 못하는 것은 아니다. 이곳이 아닌 어딘가의 시원한 그늘 아래서 아무것도 하지 않고 가만히 앉아 하루나 이틀을 보내고 나면 우울은 몸살처럼 홀연히 떠나버린다는 것을 잘 안다. 모른 척한다고, 심하게 몸을 움직여 일을 하거나 운동을 한다고, 약을 먹는다고, 사람들과 만나 수다를 떤다고, 영화를 본다고, 즐거운 음악을 듣는다고, 폭식을 하거나 과하게 술을 마신다고, 24시간 동안 잠을 잔다고 해서 마음에 든 몸살이 떠나지진 않는다.

지난여름, 숨 쉬기도 힘들게 더웠던 어느날 일을 하다 말고 직원들을 집으로 돌려보냈다. 이 더위 견디며 돈은 벌어 무에 쓰나 싶은 생각이 드는 순간 더는 고민하지 않고 일을 마치자고 말했다. 어리둥절해하는 직원들 등 떠밀어 집으로 돌려보낸 뒤 수박 한덩이 사들고 어미가 사는 시골집에 찾아갔더니 어미는 깜짝 반가워하며 말했다.

"일은 허는 대로 허는 거여."

이 말은 한세상 다 살아본 사람의 입에서나 나올 법하겠구나 싶은 생각이 들었다. 일은 내일도 할 수 있지만 쉬는 것은 그리 할 수 없다는 말이거니와 쉬지 않고는 내일 혹은 너의 남은 삶을 살아낼 수 없다는 말이기도 할 것이다. 또한 일 그까짓 것은 삶을 살아가는 하나의 수단일 뿐이라는 뜻이기도 할 것이다. 지독하게 무더웠던 그날 밤 낡은 흙집은 시원했고 붉은 수박은 달콤했다.

아마 나는 며칠 내에 직원들에게 통보하듯 말할 것이다. "내일은 무단휴업일입니다. 아무 이유 없이 쉬는 날이니 걱정 말고 편히 쉬도록 하세요"라고. 10년 넘게 자영업을 해온 한 선

섬이 고향인 친구는 꿈이었을지도 모를 이야기를 해주었다.

한여름이 지나고 멀리 수평선 그 끝까지 시야가 트일 무렵에 자신이 살던 섬의

어느 봉우리에 올라 바다를 내려다보고 있었는데

커다란 흰수염고래가 뛰어오르는 모습을 보았다고.

그 섬 그 봉우리에 올라 하루를 목도하다보면

귀뚜라미가 던져놓고 간 우울을, 도약하는 고래가 떨쳐주지 않을까.

고래의 도약

배는 자영업에 대해 이렇게 역설했다.

"쉬고 싶을 때 쉬고 일하고 싶을 때 일하는 게 자영업이지."

그렇다. 쉬어야만 이 우울을 떨칠 수 있으므로 자영업의 이점을 살려 무단휴업에 돌입한다.

무단휴업에 앞서 준비할 것은 그리 많지 않다. 들고 나는 식재료의 양을 조절하고 재고가 남지 않도록 유의해 음식을 준비하면 된다. 블로그와 배달앱, 전화기 음성메시지에 임시휴무일임을 알리는 메시지를 남기면 일단의 준비는 끝난다. 장사야이런 준비 없이도 마음 가는 대로 접으면 그만이지만 갈 곳을 미리 정해두지 않으면 낭패를 보기 십상이다. 말하자면 하루가 꼬박 걸리는 살풀이를 하러 떠나는 것인데 머물 장소가 미리 정해져 있지 않을 경우 장소를 찾다가 판이 깨질 가능성이 높다. 따라서 준비해야 할 것 중 가장 중요한 것은 장사가 아니라 장소다.

그간 이리저리 떠돌아다니며 머물렀던 장소 중에 인적이 드물고 아무것도 하고 싶지 않을 때 찾을 만한 장소를 알고 있다. 지난해 이맘때 찾아온 우울을 달랬던 장소는 전남 득량만이었다. 득량만은 그 무엇도 하고 싶지 않게 만드는 힘을 가진 곳이다. 아침저녁으로 시원한 바람이 불어오는 넓은 갯벌이 눈앞에 펼쳐져 있다. 모래갯벌이었다면 발을 들여 뭐라도 잡아먹겠다고 덤볐을 테지만 진흙갯벌이라 발을 들이고 싶은 욕심도 들지 않는 곳이다. 하루 종일 앉아 갯벌을 바라보고 있으면 허무가 찾아오고 무기력해지기까지 한다. 그렇게 찾아온 허무와 무기력까지 떨쳐내려면 열흘 이상의 시간이 필요하지만 나에겐 그만한 시간이 없으므로 아쉽지만 득량만을 목적지로 삼을 수는 없다.

두번째 장소는 전북 진안 어느 고원에 지어둔 움막인데 한번쯤은 다시 돌아가 하룻밤을 보내고 싶은 욕심도 있지만(이것은 소망이라기보단 욕심이다) 버리고 떠난 곳을 다시 찾을 염치가 없다. 충남 태안의 어느 바닷가 높은 벼랑 위에 앉아 일렁이는 사릿물을 내려다보는 것도 우울을 떨치기에 그만일 수 있을 테지만 그보다는 아직 한번도 보지 못했던 커다란 고래의 도약을 단 1초라도 목도할 수 있다면 앞으로 찾아올 그 수많은 가을을 꾸역꾸역 버텨낼 수 있을 것도 같다.

섬이 고향인 친구는 꿈이었을지도 모를 이야기를 해주었다. 한여름이 지나고 멀리 수평선 그 끝까지 시야가 트일 무렵에 자신이 살던 섬의 어느 봉우리에 올라 바다를 내려다보고 있었는데 커다란 흰수염고래가 뛰어오르는 모습을 보았다고. 그 섬 그 봉우리에 올라 하루를 목도하다보면 귀뚜라미가 던져놓고 간 우울을, 도약하는 고래가 떨쳐주지 않을까.

고래 만나러 그 섬에 가련다.

은하의 가난한 물고기들

어느해 여름이었다. 태풍은 군산 앞바다로 곧장 달려왔다. 만조시간과 태풍이 상륙하는 시간이 겹쳤다. 태풍이 밀어붙인 바닷물이 50년 전 쌓아올린 방파제를 허물어뜨렸다. 간척지가 물에 잠겨 이제 막 모가 올라온 벼논 수만 평이 침수되었다. 비바람에 집이 무너졌고 부러진 나무가 길을 막았다. 전봇대가 쓰러져 전력공급이 중단되었다. 마을 어른들은 밤새 뚫린 방파제 보수작업을 하는 데 열을 올렸다. 태풍이 휩쓸고 지나간 그날 밤 마을에는 아이와 노인들만 남았다. 지상은 어둠에 잠겼고 하늘은 그 어느 때보다 환하게 빛났다. 나는 그날 밤 처음으로 남서쪽 하늘로 펼쳐진 은하수를 보았다. 그리고 다음날 마을에는 다시 전기가 들어왔고 밤하늘의 은하수는 가로등 불빛과 함께 사라져버렸다.

섬에서 고기 잡고 살아온 지 50년이 되어가는데 오늘도 물고기를 낚지 못했다. 아들이 올해 안으로 장가를 간다는데 서울에 사는 사돈 될 사람에게 추석 선물로 보낼 실한 농어나 도미를 잡아보려고 새벽부터 낚싯대를 드리웠지만 우럭새끼 몇 마리와 작은 농어 한 마리밖에 낚지 못했다. 이 섬에서 믿을 구석이란 바다 말고 또 무엇이 있을까. 그런데 평생 의지해 살아온 바다가 오늘은 야속하기만 하다.

아들이, 큰아들이 5년 만에 집에 온다는 연락이 왔다. 그 아들 손잡고 우리 귀한 손자도 함께 온단다. 물 앉았을 때 갯가에 나가 바지락 캐고 톳도 따뒀다. 옆집 사는 조카는 우리 아들과 손자가 함께 섬으로 온다는 소릴 듣고 사돈 될 사람에게 보내려고 잡은 우럭 두 마리와 농어 한 마리를 놓고 갔다. 3년 묵은 광어젓 단지도 처음으로 열어 무쳐놓았고, 지난겨울 갯바위에 나가 뜯어두었던 파래와 김도 꺼내두었다. 배 들어올 시간 되어간다. 어서 와라 내 새끼. 어서 와라 내 손자.

5년 만인가. 배에 몸을 싣기만 하면 고향집인데, 쉬운 일인데도 언제나 쉽지 않다. 엄마에게, 형제들에게, 고향 사람들에게 면목 없음이 언제나 뒷걸음질치게 했다. 겨우 자식이나 앞세워야 갈 수 있는 곳이지만 막상 도착해가니 이곳을 왜 여태 못 왔나 하는 후회가 든다. 저 멀리 부둣가에 마중 나온 어미가 보인다. 아들아, 아비의 고향이다.

고래를 대면하겠다며 무턱대고 나선 길에 어청도가 고향인 친구에게 함께 가지 않겠느냐고 물었다. 친구는 "고래는 가을에나 돌아오지만 섬에는 돌아가고 싶다"고 말했다. 친구의 막둥이 아들놈 손에 낚싯대를 들려 섬으로 가는 배에 올랐다. 배에 올라 먼 바다로 나서자 고래와의 대면은 무의미하다는 것을 알 수 있었다. 뱃전에서 먼 바다를 바라보며 솟구쳐오르는 고래를 그려보기도 했지만 넓게 펼쳐진 바다를 바라보는 것만으로 귀뚜라미 울음소리는 귓가에서 사라져버렸다.

우리 집으로 찾아온 할머니는 종종 만날 수 있었지만 할머니 집은 처음 와본다. 아빠는 내가 네살 때 왔었다고 말하는데 나는 기억나지 않는다. 멀리 보이는 작은 섬이 아빠의 고향이고 그 안에 할머니의 집이 있다고 한다. 이렇게 넓은 바다라면 커다란 물고기가 많이 살고 있겠지. 아빠와 함께 커다란 물고

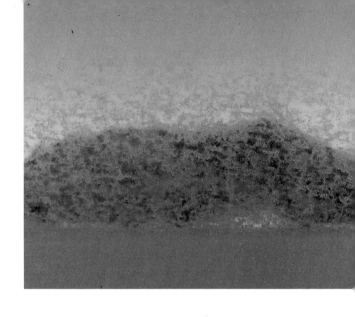

기를 낚으면 좋겠다. 나는 낚시를 처음 해본다.

이 남자. 한여름도 잘 견뎌내더니 그 끝자락에서 몸도 마음
도 지쳐버린 모양이다. 하루를 쉬고 섬에 다녀오자는 제의에
월차를 내고 따라나섰다. 대마도로 가는 여객선을 타본 기억이
있지만 배와 바다는 언제나 두려움의 대상이었다. 그럼에도 이
남자가 옆에 있으니 되었다. 멀미약을 먹고 그의 무릎을 베개
삼아 누웠다. 둥실둥실 바다 위를 떠간다. 햇살이 따갑다. 그가
손바닥으로 볕을 가린다. 감은 눈앞에 붉은 바다가 출렁거린
다. 눈을 감고 그에게 물었다. 바다가 좋으냐고. 그는 대답했다.
멀리까지 내다볼 수 있어서 바다가 좋다고.

은하의 가난한 물고기들

고래를 대면하겠다며 무턱대고 나선 길에 어청도가 고향인

친구에게 함께 가지 않겠느냐고 물었다. 친구는 "고래는 가을에나 돌아오지만

섬에는 돌아가고 싶다"고 말했다. 친구의 막둥이 아들놈 손에 낚싯대를 들려

섬으로 가는 배에 올랐다.

언덕 너머 먼 바다가 내려다보이는 등대에서 지는 해를 바라보았다. 그 해를 가르며 황포돛단배 한 척 지나갔다. 그 배가 해를 가를 때였을까. 물고기를 낚지 못한 아이는 운동장 철봉에서 떨어져 팔이 부러졌다. 친구의 어미는 아들과 손자를 위해 상다리가 부러지게 밥상을 차렸지만 두 사람은 입도 대지 못하고 끙끙 앓기만 했다. 여객선은 내일 정오에나 출항이라 밤새 그리고 끙끙 앓아야 할 판이었다. 보건소엔 부목과 붕대, 진통제만 구비되어 있다고 어린 공보의는 말했다. 할미는 손자의 손을 잡고 울고, 아비는 가끔 밖으로 나가 담배를 피워물 수밖에 달리 도리가 없었다. 나는 나대로 뭣하러 함께 섬에 가자 말했나 싶어 마음 한켠이 무지근하게 내려앉는다. 아비는 아비대로 자책이고 할미는 할미대로 자책이다. 이 먼 섬에 살고 있는 것 자체가 손자에게 미안할 노릇이다. 마을 부녀회장인, 친구의 사촌형수가 전화기에 대고 악다구니를 쓴다. 애가 이렇게 다쳤는데 해경이든 해군이든 나서야 하는 것 아니냐는 것이다.

해가 저물고 섬마을에도 가로등 불빛이 들었다. 그 가로등 불빛 이겨낸 밝은 별들이 총총하게 빛날 무렵 해경에서 연락이 왔다. 어청도 인근에 순찰선 한 대가 있는데 그 배로 아이를 후송할 수 있다는 전갈이었다. 순찰선은 규모가 커서 어청도항에는 정박할 수 없으니 어선을 이용해 방파제 밖으로 나와 달라는 내용도 담겨 있었다.

밤 10시가 다 되어갈 무렵에 배에 올랐다. 진통제 몇알을 더 먹은 아이는 참을 만하다고 말했다. 친구는 말없이 나무 의자에 앉았고 친구의 사촌형은 조용히 배에 시동을 걸었다. 친구의 어미는 배에 오르지 않고 부둣가에 서서 눈물을 훔치며 휘이휘이 손만 내저었다. 배는 느리게 물살을 갈랐다. 뱃소리에 놀란 멸치떼가 반짝거리며 뛰어올랐다. 가로등 불빛이 멀어져가자 바다는 암흑천지가 되었다. 경계는 통통거리는 엔진음과 차박거리는 파도 소리만 남았다. 바다는 고요했다. 사방을 훑어봐도 무엇 하나 눈에 드는 것이 없어 하늘을 올려다보았다. 그렇게 은하수는 지상의 재앙을 보듬기라도 하듯 다시 모습을 드러냈다.

이 남자. 바다에 나갔다 돌아온 이 남자는 은하수를 보았다고 말했다. 이불 속으로 파고든 그의 몸은 차가웠다. 함께 가자고 말했으나 나는 밤바다가 무서워 집에 남아 있었다. 까무룩 잠이 들었던 모양이다. 해가 내려앉는 바다 위에 나는 떠 있었다. 저 멀리 하얀 등대가 서 있고 그 안에서 그가 손짓했다. 그가 나에게 온 것인지, 내가 그에게 간 것인지 모르겠지만 눈을 떠보니 그가 내 품에 안겨 있었다.

　사촌동생과 조카를 해경선에 태워 보내고 잠이 들지 않아 그길로 바다로 나갔다. 시아비 될 사람이 어부인데 추석 선물로 실한 고기 몇상자는 보내야 하지 않겠는가. 팔뚝만 한 붕장어 몇마리라도, 장정 가슴팍만 한 광어 몇마리라도 보내야 우리 아들 낯이 서지 않겠는가. 조카는 그렇게 뭍으로 나갔으니 더이상 걱정하지 않아도 될 것이다. 자라면서 팔도 부러지고 다리도 부러지고 하는 것이지. 키우다보면 그런 것이지.

　섬에 남은 엄마에게 면목이 없어 전화를 못하다가 수술을 마치고 전화를 걸었더니 전화를 받지 않았다. 몇번을 해도 받지 않아 해 질 무렵이 되어서 다시 걸었더니 전화를 받는다. 왜 전화를 안 받느냐 역정을 내자 어미는 대답했다. "바지락 캤다."

　늦은 아침까지 잠을 자고 일어나 친구 어머니 집으로 아침을 먹으러 올라갔다. 어젯밤 차려놓은 그 음식이 그대로 상에 올라왔다. 그 밥 한술 먹이지 못하고 그 밤에 그렇게 돌려보낸 어미이자 할미의 얼굴이 창백하고 꺼칠하다. 밤새 한숨도 못 잔 모양이었다. 그 아들에게 따라줄 소주 한잔 유리글라스에 가득 따라 나에게 건넸다.

은하의 가난한 물고기들

"다음에 또 와라. 또 와. 엄마가 미안하다. 또 와. 응? 또 와."

정오가 되어서 여객선이 떠날 때까지 사촌형의 배는 항구에 들어오지 않았다. 오늘은 고기를 좀 낚으셔야 할 건데. 그래야 아들에게 면목도 서고 며느리 될 처자가 더욱 예뻐 보일 건데….

은하의 가난한 물고기들은 이렇게 살아간다.

개구리곰탕

나이 마흔에 늦둥이 아들 본 전대창씨. 자전거 페달을 으이쌰 밟아 선제리 옥일연쇄점으로 분유 사러 나섰다. 옥일연쇄점 아주머니 분유 사는 전대창씨 보고 밑도 끝도 없이 "손자 보셨슈?"라고 물었단다. 앞서 태어난 세 남매는 어미젖 먹여 잘도 키워냈는데 늦은 나이 다 된 몸으로 늦둥이를 낳아 그런지 젖이 나오지 않았다. 그래서 가루우유 뜨지근한 물에 타 먹여 키우기 시작했는데, 그래서 그랬는지 어쨌는지 제 누이나 형과는 달리 허약하고 날마다 병을 앓아 낯빛이 누리끼리했다.

닭 잡아 먹이고, 천엽 얻어다 고아 먹이고, 돼지 대가리 푹

신 삶아 그 국물 떠먹여도 만날 비실비실, 코피 쏟고 픽픽 자빠졌다. 그 허약한 어린것 굽어보던 마을 어느 노인이 개구리 잡아다 한번 고아 먹여보라고 말했다. 그 말 떨어지기 무섭게 서당골 논두렁을 훑어 참개구리 기백 마리 잡아다 가마솥에 넣고 한나절 폭폭 고았다. 가마솥에서 살은 다 녹고 장단지 뼈다구 몇개 남을 때까지 고았더니 소 뼈다구 곤 것처럼 뽀얀 국물 위에 맑은 기름이 둥둥 떠올랐다. 끼니때마다 개구리곰국에 밥 말아 어린것 입에 떠넣어주었다. 그렇게 한 보름 먹였을까. 누리끼리했던 얼굴에 핏기가 돌고 눈빛이 맑아졌다. 코피도 멎고 다리에도 힘이 붙는지 잘 걷고 잘 뛰었다.

우수 경칩 버드나무 물 차오를 때부터 찬바람 불어 설단풍 떨어질 때까지 서당골 개구락지들 한가로이 논두렁에 앉아 울음 울 시절 없었다. 날 밝으면 작대기 들고 나서는 전대창이 등쌀에 꿱 소리 한번 내지 못하고 쫙쫙 뻗어나갔다. 개구락지야 저승사자 제대로 만난 꼴일 테지만 전대창이야 그 작대기질이 얼마나 꼬시고 흥겨웠을까. 허약했던 막둥이 아들놈 개구리 먹고 나날이 사람 모습 갖춰가니 작대기 손에 들고 적벽가 한대목 흥얼거릴 만하였것다.

그렇게 개구리 입에 붙은 막내아들놈 전호용이, 예닐곱살 먹자 제 발로 서당골 논두렁을 걸어 나가 개구리 잡아먹었다. 국민학교 들어가자 맨손으로 한두 마리 잡는 것은 성에 차지 않았는지 개구리 잡는 창을 제 손으로 직접 만들었다. 밥 먹는 쇠 젓가락 세 개를 시멘트 바닥에 문질러 바늘처럼 뾰족하게 벼 리고 철사로 대나무 끝에 단단히 고정해 삼지창을 만들더니 그것 들고 서당골로 향했다.

봄날 무논 잡은 논두렁에 나가보면 전깃줄에 줄지어 앉은 참새처럼 논둑 가장자리로 개구리 수백 마리가 줄지어 앉아 있었다. 사람이 다가가면 일제히 논바닥으로 뛰어들지만 그 물 깊이가 얼마나 된다고. 어린아이 종아리보다 낮은 무논 아래로 숨어봐야 빤히 보이기 마련이라. 물 아래 숨은 개구리를 삼지 창으로 콕콕 찍어 잡으면 한나절 안에 한 수대(대야)는 거뜬히 잡을 수 있었다. 그렇게 잡은 개구리 중 넓적다리 실한 놈은 골 라 껍질 벗기고 바람 치는 자리에 널어 말려 꾸덕해지면 아궁 이 불에 구워 소금 찍어 먹었고, 자잘한 놈들은 가마솥에 넣고 끓여 곰국으로 먹었다. 굳이 맛을 비유하자면 고기의 맛은 생 합살과 비슷했고, 국은 크림수프와 비슷한 맛이었다.

음식에 대한 책을 낸 죄로 사람들에게 이런 질문을 자주 받 는다. "그러면 당신은 어떤 음식을 좋아하세요?" "가장 기억에 남는 음식은 무엇입니까?" 나는 이런 질문을 받을 때마다 당황 스럽다. 이제는 그러려니 할 만도 한데 여전히 당황스러운 것 은 마찬가지다. 보통은 국수, 콩나물국밥, 아욱국, 두부, 만두, 청국장 따위라고 대답하지만 개구리곰탕이라고는 말하지 않는다. 조금 솔직하게 대답해야 하거나 머릿속에 번뜩 그리운 무엇인가가 떠오를 때면 "펑펑 눈 쏟아지는 날 뜨신 방에 앉아 먹었던 벌건 토끼탕"이라거나 "장마가 막 시작된 날 뜨끈한 방바닥에 누워 흐물흐물해질 때까지 삶은 개수육을 땀나게 먹었던 기억"이라고까지는 대답할 수 있지만 개구리곰탕이라는 대답은 입에서 떨어지지 않는다. 토끼탕이나 개수육만 들이대도 뜨악한 표정으로 사람을 바라보는데 개구리곰탕이라니.

무엇을 먹어라 마라, 무엇이 맛있다 맛없다, 이렇게 먹고 저렇게 먹고 하는 이야기로 날이면 날마다 나라가 떠들썩한 시절이다. 그 실체를 알지 못하고 누군가 만들어준 음식을 음식의 이름으로만 먹다보니 공연히 시끄럽기만 한 것 같아 식재료에 대한 잡설을 '알고나 먹자'며 늘어놓기도 했지만 그 또한 별수 없이 그와 별반 다를 것 없는 '떠듦'이었던가보다. 그도 그럴 것이 닭 모가지 한번 비틀어본 적 없고, 봄부터 가을까지 벼를 심고 길러 이삭 한알 거둬들여본 적 없는 사람이 태반인 세상에서 떠들어봐야 쇠귀에 경 읽기고 개구리곰국이 무슨 개뼉다구 같은 소리일까. 그러하니 천일염 먹으면 곧 죽을 것 같고, 우유 한잔 마시면 성인병에라도 걸리는 것 아닌가 걱정되고, 유기농 제품만 골라 먹으면 천년만년 만수무강할 것처럼 호들갑을 떠는 것은 아닐까.

찬이슬 내려앉은 날 아침 콩밭 고랑을 걸어가는데 얼룩덜룩

반가워서 달아난 풀밭을 들춰봤더니 오줌을 찍 싸며 다시 한번 펄쩍 뛰어

올라 먼 곳으로 숨어버렸다. 이제는 개구리를 보면

맛있겠다는 생각이 들기보다는 안쓰럽고 미안한 마음이 우선 든다.

작대기나 삼지창으로 아무리 잡아먹어도 그 수가 줄어들 기미조차 보이지

않았던 개구리가 순식간에 종적을 감추고 은둔자가 되어 콩밭 어느 구석에서

숨죽여 살아가는 존재가 되어버렸다.

개구리곰탕

한 참개구리 한 마리가 펄쩍 뛰어올랐다.

'그래도 씨가 아주 마른 것은 아니로구나.'

반가워서 달아난 풀밭을 들춰봤더니 오줌을 찍 싸며 다시 한번 펄쩍 뛰어올라 먼 곳으로 숨어버렸다. 이제는 개구리를 보면 맛있겠다는 생각이 들기보다는 안쓰럽고 미안한 마음이 우선 든다. 작대기나 삼지창으로 아무리 잡아먹어도 그 수가 줄어들 기미조차 보이지 않았던 개구리가 순식간에 종적을 감추고 은둔자가 되어 콩밭 어느 구석에 숨죽여 살아가는 존재가 되어버렸다. 나에게 개구리는 동해에서 자취를 감춘 명태나 서해안으로 흘러드는 강어귀에 득실거리다 어느 순간 자취를 감춰버린 뱀장어처럼 여겨진다.

뜬금없는 결론이지만 영화감상문으로 이 글을 마무리하겠다. 지난해 이맘때 개봉했던 영화 「인터스텔라」를 보며, 이 영화에 환호하는 관객들의 반응을 보며 뜨악했다. 지구를 농사도 지을 수 없는 황무지로 만든 인간은 이성과 과학의 힘으로 인간이 살 수 있는 행성을 발견해낸다. 그리고 유레카를 외친다. 이 땅을, 이 바다를 지켜내지 못했으면서 그 무슨 얼어죽을 과학이며 유레카인가. 공존할 의지는 눈곱만큼도 없으면서, 오염시킨 바다와 땅을 회복시키려는 의지 또한 없으면서 깨끗하고 좋은 환경에서 몸에 좋은 것만 먹고 살아보겠다는 편협한 자본주의의 극단을 보여준 최악의 블록버스터 상업영화였고 관객이었다.

　물론 개구리곰탕 따위 먹고 싶은 사람은 별로 없을 테지만 당신들이 원하는 깨끗한 농수산물과 축산물, 게랑드소금, 산양유 따위와 같은 것들은 과학이나 자본으로 지금 당장 얻을 수 있는 것들이 아니다. 우리가 이 시대의 불편과 위험을 묵묵히 감수해내며 강과 바다, 땅과 공기를 100여 년 전의 그 모습으로 되돌려놓았을 때 우리 이후의 세대가 누릴 수 있는 가치들이다. 유토피아는 머나먼 우주 어딘가에 존재하는 것이 아니라 우리가 버리고 망쳐버린 지구라는 별에 있다.

개구리곰탕

밝은 미래

4~5년 전이던가, 아니면 그보다 더 전이던가. 뻗치는 울기를 다잡지 못해 매칼없이 아무 버스에나 올라 한번도 가본 적 없는 곳을 떠돌던 며칠이 있었다. 그중 어느 한날, 초저녁, 가로등 불 밝힐 무렵, 강원도 영월에 닿았다. 버스표에는 태백이라고 적혀 있었으나 태백보다는 영월이라는 이름이 좋아 버스에서 내려 발 닿는 대로 걸었다. 서늘했다. 마을길 옆 우뚝 솟은 은행나무에서 쏟아진 잎이 노오란 주단을 깔아놓던 계절이었으니 늦가을 무렵이었던가보다.

은행나무 길을 지나 얼마간 걸어가자 검은 강이 흐르고 있었다. 강을 건너는 큰 다리에 밝힌 가로등이 훤했으나 강은 그 불빛에 굴하지 않고 검게 흘렀다. 그 검은 강 옆 자갈밭 버드나무 아래 반짝 일렁이는 불빛이 보였다. 모닥불이었다. 사람 소리도 들렸다. 젊은 남녀의 말소리와 웃음소리가 강물 위에 낮게 깔려 멀리까지 퍼져나갔다. "얌마" "뭐 인마" 어쩌고 하며 남자들이 허풍을 떨면 "미친년아" "시발년아" 어쩌고 하며 여자들이 깔깔거렸다.

불 옆에서 깔깔거리며 웃고 떠드는 젊은 목소리에 기분이 좋아져 조금 더 가까이 다가가보았더니 교복을 입은 남녀 대여섯이 모닥불 옆에 모여 놀고 있었다. 그냥 노는 것이 아니라, 운동장이 아니라, PC방이 아니라, 읍내 번화한 거리의 카페나 음식점이 아니라 검은 강물 옆으로 넓게 펼쳐진 자갈밭에 모닥불을 피우고 저이들 좋을 대로 웃고 떠들며 놀고 있었던 것이다. 그런 자리라면 담배도 한 모금 피워볼 테고 소주도 한 모금 마셔볼 일일 테지. 그 불에 소시지라도 구워 안주 삼을 것이고 고구마라도 구워 맘에 담았던 가시나 손에 들려주는 것이 예삿일일 테다.

그 자갈밭 너머 강둑에 서면 훤하게 불 밝힌 영월 읍내가 있어도 검게 흐르는 강과 모닥불만 할까. 나무라는 이 없고 큰일날 것도 없다. 헬게이트가 열리기 시작하던 시절이었으나 영월의 까진 고딩들은 헬조선과는 무관해 보였다. 구로사와 기요시가 이들을 보았다면 영월의 '밝은 미래'라고 말했을까.

내 글을 읽은 독자들 중 내 나이를 알고 놀라는 사람이 많다. 글만 보면 4~50대 중년이거나 초로에 접어든 사람이겠거니 했는데 새파랗게 어린놈이었다는 것이다. 나는 지금의 중년들이 유년기를 보냈던 시대의 끝자락이 연장된 벽촌에서 유년기를 보냈다. 모두가 어느 경계를 살아간다고 한다면, 나는 내 또래들과는 달리 그 경계를 뒤늦게 건널 수 있었다. 내가 머물렀던 그 경계에는 지금은 사라져버린 방임이라는 비옥한 토양과 강물이 있었다.

부모는 아이를 돌볼 수 없이 바쁘게 살기도 했을 테지만 돌보지 않아도 걱정할 것 없는 환경이 있었다. 물리면 안 되는 뱀이나 먹으면 죽는 독초에 대해서만 주의를 주고 밖으로 내보냈다. 아침에 집을 나서 산과 강, 들과 바다, 저수지를 쏘다니다 한밤중이 되어서야 집에 돌아와도 나무라지 않았다. 큰일 날 것이 없었던 것이다. 그러한 방임은 스스로 살아가는 방법을 가르치는 확실한 교육법이었다. 저이들끼리 뭉쳐다니며 말짓을 했는데 돌이켜보면 그 모든 놀이가 배움이었다. 그렇게 밖으로 나가 보고 배운 것도 많지만 더 크게 얻은 것은 자존감이 아니었을까. 누군가 옳고 그름을 가르쳐준 것이 아니라 홀로 혹은 또래들과 어울리고 부대끼며 알아낸 것, 만든 것, 찾아낸 것, 맛본 것, 밝혀낸 것, 잡은 것, 생각하고 느꼈던 것들이 옳고 그름을 결정짓게 했다. 그럼으로써 나는 그 누구도 아닌 '나'라는 존재가 된 것이 아닐까.

　어젯밤 늦게까지 거리를 싸돌아다녔다. 새벽 1시가 넘은 시각, 도시의 어두운 광장 한편에 중학생 즈음으로 보이는 아이들이 모여 놀고 있었다. 시장했는지 컵라면을 손에 들고 후루룩거리는 아이들도 있고 휴대전화에서 흘러나오는 음악을 들으며 웅성거리는 무리도 있었다. 그 아이들도 당대의 경계를 건너고 있을 참인데 그들의 어두운 광장은 영월의 검은 강과 크게 대비돼 보였다. 그럼에도 불구하고 그 새벽에 먹는 컵라면의 맛과 냄새, 시대의 멜로디가 그들을 하나의 다른 존재로 키워내리라 확신했다. 왜냐하면 그 아이들도 나름대로 헬조선을 부대끼며 알아내고, 노래하고, 춤추고, 웃고, 까불며 그 새벽을 스스로 살아내고 있기 때문이다.

　몇 해 전부터 '와일드푸드'라는 말이 유행이다. 그 뒤에 '축제'라는 말을 붙여 사람들을 불러모으기 시작했다. 축제장에 가보면 부모와 함께 온 아이들이 많다. 배열된 모닥불 앞에 둘러앉아 감자, 고구마, 옥수수, 생선, 닭고기 따위를 구워먹는 놀이를 한다. 그 닫힌 공간과 북적이는 인파, 통제와 지정은 기획하에 이루어진 성공적인 마케팅이자 와일드푸드라는 이름으로 치장된 눈속임에 불과하다는 인상을 지울 수 없다.

그럼에도 불구하고 그 새벽에 먹는 컵라면의 맛과 냄새,

시대의 멜로디가 그들을 하나의 다른 존재로 키워내리라 확신했다.

왜냐하면 그 아이들도 나름대로 헬조선을 부대끼며 알아내고,

노래하고, 춤추고, 웃고, 까불며 그 새벽을 스스로 살아내고 있기 때문이다.

그 축제장에선 그 어떤 '거친 것'도 보이지 않는다. 지나온 시절을 회상하는 늙어버린 청춘들이 그들의 아이들에게 꾸며진 '와일드'를 먹이며 자조하는 듯 보인다. 꾸며지고 통제된 와일드라니.

헬조선에서 진정한 와일드푸드란 저이들끼리 둘러앉아 먹고 마시는 컵라면, 햄버거, 닭꼬치, 어묵일지 모른다. 담배와 소주일지 모른다. 생각해보라. 나는 땅과 바다에서 먹을 것을 찾아 먹으며 자랐다면 도시의 아이들은 편의점에서 먹을 것을 찾아 먹으며 자란다. 자라는 환경은 아이들이 애써 찾아간 것이 아니라 아이들이 던져진 바로 그곳이다.

나는 바란다. 그 어두운 광장에서 저이들끼리 먹고 마시고 피우고 떠들고 노래하고 춤추며 진정 자유로운 거친 녀석들로 자라기를. 나는 또한 바란다. 그 어두운 동강에서 저이들끼리 먹고 마시고 피우고 떠들고 노래하고 춤추며 진정 자유로운 거친 녀석들로 자라기를. 도시의 어두운 광장과 영월의 어두운 동강에서 키운 자존감이 그 어둠보다 밝기를. 그렇게 자라서, 꾸며진 거침과 부드러움으로 완성된 헬조선을 박살내버리기를. 나를 포함한 기성세대가 말하는 옳고 그름을 모두 부정하고 그대들 스스로 보고 듣고 느끼고 생각한 것들에서 옳고 그름을 판단하기를. 포기라 읊조리기보다 거부한다고 소리치기를. 헬조선에서 포기란 너무나도 당연한 것이 되어버렸지만 포기라는 단어는 그대들의 자유분방함과는 너무나도 거리가 멀다. 포기가 아니라 거부한다 말하길. 헬조선을 살 만한 세상으로 만들어놓지 않는다면 우리는 우리의 미래를 거부한다고 크게 소리치기를.

2부

맛의 스펙트럼

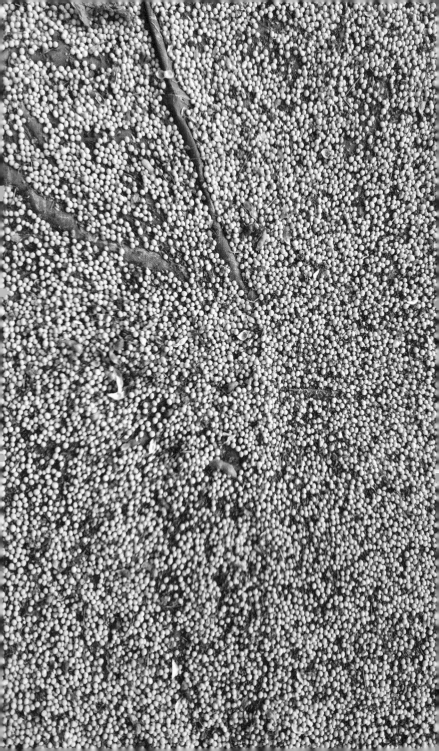

마음 쓰인다, 이 못난 것들

세상 만물 만사 시간과 숨쉬는 공기까지도 돈으로 계산되어버리는 세상이다. 그러다보니 귀하고 얻기 힘든 것이 돈으로 치면 별것 아닌 것이 되는 경우가 허다하다.

깊은 가을, 도시의 한복판이라지만 이곳의 계절도 가을인지라 집집마다 담장 안쪽으로 뻗은 나뭇가지에 연시, 대봉시, 석류, 모과, 사과, 대추 등과 같은 과실들이 울긋불긋 소담스럽다. 마당 한편, 채마밭 구석진 자리, 화단 한쪽 구석에 묘목 한 주 심어두고 무심하게 몇해를 보내면 그 옹색한 땅의 힘을 빌려서라도 기필코 한 덩어리 과실을 맺어내고야 만다.

시골에서 나고 자란 촌것들은 탐스럽게 매달린 과실들을 무심하게 지나치지 못한다. 몇년 전까지 밥벌이했던 인쇄소 뒤뜰엔 앵두나무, 오얏나무, 대추나무, 감나무가 서 있었는데 그 나무들은 과실수라기보다 조경수에 가까웠다. 늦은 봄날 누구도 손봐주지 않는 앵두나무에 붉은 자태 뽐내가며 다래다래 앵두 열려도 그 탐스러움을 탐하는 자 하나 없이 새들만 득실거렸고, 앵두 지고 오얏나무에 검붉은 피자두 치렁치렁 뽐내봤자 팔 뻗어 그것 하나 따먹는 사람 없어 장맛비에 후드득 콘크리트 바닥 위로 나뒹굴었다. 첫해야 이물스러워서 보는 둥 마는 둥 했지만 이듬해에도 그러하니 애가 달아 손을 뻗어 입에 넣을 수밖에 다른 도리가 없었다. 거기엔 나 같은 '촌놈' 말고도 전북 임실군 성수면에서 나고 자란 박애경이란 '촌년' 도 있었는데 애경이 또한 새만 득실거리며 좋아죽는 꼴은 뜬 눈으로 볼 수 없는 촌것의 심성이라 익는 대로 종발에, 종이컵에 담아와 나눠먹었다. 나는 높은 오얏나무 타고 올라가 목덜미에 쐐기 서너 방 쏘여가며 피자두 거둬다 나눠먹었다. 가을 되면 대추도 후려 먹고 물렁물렁 대봉시도 하나둘 거둬다 입에 넣었다.

손만 뻗으면 곧장 먹을 수 있는 이러한 과실이 얼마나 귀한 것인지 우리는 대부분 잊었거나 알지 못한다. 밥은 벼를 베고 탈곡하고 도정해서 얻은 쌀을 씻어 불 위에 얹어 익히는 과정을 거쳐야만 먹을 수 있다. 고기는 동물의 목숨을 끊고 털을 뽑고 가죽을 벗기고 뼈에서 살을 발라내야만 얻을 수 있다. 콩은 익혀야 먹을 수 있고, 물고기는 낚아야 먹을 수 있다. 과실 외에 먹을 것은 대부분 이러한 수고로움을 필요로 하는데 그 수고로운 과정을 돈으로 생략하기에 과일은 고기보다 불편한 것이 되어버렸다. 별것 아닌 것이 되어버렸다. 먼 가지에 매달린 못난 감은 까치에 대한 배려가 아니라 버림이다.

제주에선 '감귤 반상회'가 열렸다고 한다. 이유는 한마디로 감귤 가격이 똥값이 되어버렸기 때문이다. 가지마다 치렁치렁 탐스럽게 열린 감귤을 바라보는 마음이 흐뭇하기만 한 것은 아닌 모양이다. 감귤 10kg 한 상자 도매금이 만원을 넘지 못하자 농민들과 관리들이 모여 값을 올릴 방안을 궁리한 것인데 그 해결책 중 하나가 버림이다. 상품가치가 떨어지는 감귤은 수확하지 않고 그대로 땅에 버린다는 것이다. 무엇이건 잘난 놈이 있으면 못난 놈이 있고 큰 것이 있으면 작은 것이 있기 마련이다. 과실 또한 매한가지 아니겠는가. 예전에는 작고 못난 것은 못난 것대로 모아 저렴한 값에라도 판매했지만 이제는 잘난 것들의 적정한 값을 유지하기 위해 못난 것들은 산지에서 폐기처분하는 모양이다. 그 못난 것들이 유통되면 감귤에 대한 신뢰도가 떨어지고 결국 소비자는 감귤을 외면한다고 판단한 듯하다.

몇해 전 지인을 통해 소개받은 제주 농민에게서 감귤 한 상자를 구매했다.

그 농민은 선과 작업이나 세척 작업을 하지 않고 손에 닿는 대로 나무에서

감귤을 따고 상자에 담아 발송했다. 박스 안에는 크고 잘난 것과 작고 못난 것이

뒤섞여 있었다. 어떤 것은 시고 어떤 것은 달았다.

마음 쓰인다, 이 못난 것들

꼭 그렇기만 할까? 이것이 불편부당한 걸까? 나무가 맺어준 귀한 열매마저도 돈이 되고 안 되고의 문제 안으로 밀어넣었기에 그 올곧은 존재 자체의 가치가 사람으로 하여금 상실된 것은 아닐는지.

몇해 전 지인을 통해 소개받은 제주 농민에게서 감귤 한 상자를 구매했다. 그 농민은 선과 작업이나 세척 작업을 하지 않고 손에 닿는 대로 나무에서 감귤을 따고 상자에 담아 발송했다. 박스 안에는 크고 잘난 것과 작고 못난 것이 뒤섞여 있었다. 어떤 것은 시고 어떤 것은 달았다. 어떤 것은 덜 익고 어떤 것은 무르게 익었다. 신 것은 신 것대로 단 것은 단 것대로 맛이 있었다. 귤이란 그런 것 아니던가? 한 나무에서 열린 귤이 모두 크고 단단하고 달기만 한 것은 아니지 않겠는가? 하긴, 사람에게도 생산하고 관리하고 취득하고 상실한다고 말하는 나라에서 못난 과실 따위에 마음이 쓰이는 건 그것을 길러낸 농민과 나무와 땅과 하늘과 해와 바람 나부랭이뿐일 테지.

감귤만 그러할까. 어떤 국회의원은 그랬다지. 국가에서 수매한 벼의 재고 물량이 늘어나고 또다시 올해 수매 물량을 결정해야 하므로 용처가 결정되지 않은 재고분을 바다에 수장하자고. 돈 주고 수매했으니 어떻게 소비하든 뭔 상관이냔 말처럼 들리는데, 그 발상의 전환이 참으로 아귀스럽다.

신새벽, 모과나무에서 모과 한알이 땅으로 떨어졌다. 매끈한 모과의 한 귀퉁이가 으스러졌다. 가끔 그 모과나무 아래로 산책을 다닌다던 친구는 모과나무에 열린 탐스러운 모과에 대한 칭송을 아끼지 않았다. 그럼에도 그 모과 한알 탐하지 못할 심성이어서 다녀올 때마다 "좋다, 좋다"고만 말하더니 그날 아침에는 모과나무가 친구에게 모과 한알을 내어준 모양이었다. 산책하던 길에 발견한 모과를 손에 들고 가게에 들렀는데, 땅에 떨어져 모양은 볼품없어졌을지 몰라도 그 향기는 탄성이 터져나올 만큼 아름다웠다. 나는 도마 위에 모과를 올려놓고 칼을 빼들었다. 친구는 고대하는 눈빛으로 내 하는 양을 옆에서 지켜보았다. 모과를 적당한 크기로 깍둑썰기 하고 모과의 무게와 같은 양의 흑설탕으로 버무려 유리병에 담았다. 그리고 단단히 봉인했다. 친구는 유리병을 깨끗이 씻고는 흐뭇하게 바라보았다.

시리게 눈 내릴 어느날 아침, 산책하고 돌아올 친구와 함께 봉인을 풀고 향긋한 모과차 한잔 나눠 마실 것이다. 오토바이 타고 밥 배달하는 삼촌에게도 따끈하게 한잔 건넬 것이며 이웃한 부동산 거간꾼과도 그 향기와 온기를 나눌 것이다. 우리 어여쁜 색시 전주로 마실 나오면 언 손에 따끈한 찻잔 들려줄 것이며, 먼 길 달려온 친구가 있거들랑 그 사람과도 나눠 마실 것이다.

돈으로 치면 별것 아닌 것 같지만, 도움이 되는, 귀한 것일 수도 있다.

바다에서

1993년 봄

마을 저수지 수면 위로 하얗게 배를 드러낸 물고기들이 떠올랐다. 수천 마리는 되어 보이는 물고기들이 목숨을 연명하느라 아가미를 뻐끔거렸다. 마을 사람들은 죽은 것은 버려두고 아직 살아서 몸을 움직일 수 있는 붕어, 잉어, 가물치, 빠가사리 등을 뜰채로 건져올렸다. 내장만 걷어내면 별 탈 없을 거라며 건져올린 물고기의 배를 가르고 내장은 꺼내 도로 저수지에 버리고 고기만 수대(대야)에 담아 집으로 돌아갔다. 집집마다 그렇게 물고기를 건져갔어도 물결에 떠밀려온 물고기 사체가 저수지 변을 하얗게 뒤덮었다.

저수지 상류 논두렁에서 깨진 농약병 몇개가 발견됐다. 당일에는 저수지에 농약 냄새가 진동을 했다. 며칠이 지나도 물고기는 썩지 않았다. 세균들도 농약은 어찌하지 못하겠던 모양이다. 농약을 먹고 죽어선지 고양이도 얼씬하지 않았다. 비가 오고 저수지가 흘러넘치면서 죽은 물고기는 수로를 따라 강으로 흘러갔고 아마도 바다로 빠져나갔을 것이다.

물고기를 건져먹고 탈이 났다는 사람은 없었다. 나도 마찬가지로 탈이 나지는 않았다. 그때 그 물고기가 마을 사람들에게 어떤 영향을 끼쳤는지는 알 수 없다. 마을 사람들은 농사를 지으며 계속해서 농약을 뿌렸고 그 후로도 오랫동안 수로에서 참게를 잡아먹고 간간이 잡히는 장어도 잡아먹고 살았다. 농약이 있기 전부터 해오던 짓이었고 농약과는 아무런 연관이 없는 것으로 여겼을 것이다.

마을 남자들은 나이 70이 되기 전에 대부분 죽었다. 각종 병에 걸려 죽었고 70이 넘도록 살아 있는 남자는 몇 되지 않는다. 지금은 마을의 여자들이 당뇨와 암으로 죽어가고 있다. 사람이 죽기 전 수로에선 참게가 우선 자취를 감췄고 장어치어(실장어)는 더이상 바다에서 수로를 타고 올라오지 않았다.

죽음의 직접적인 원인은 각종 질병이다. 각종 질병의 원인은 다양하다. 오지게 담배들도 피웠고 술도 오지게 자셨다. 지독한 노동에 시달렸고 잘 먹지도 못했다. 시절의 변화를 맞이하며 받는 스트레스도 만만치 않았을 것이다. 우리는 질병의 원인을 이렇게 나열할 수는 있겠지만 정확한 원인을 알 수는 없다. 20년의 시간은 원인을 다변화시켜 농약 먹은 물고기는 질병의 원인으로 꼽히기 힘들게 되었다.

2010년 가을

새만금 방조제가 완공되었다. 그 안에 살고 있던 셀 수 없이 많은 생물들은 죽음을 맞았다. 복원의 꿈은 더이상 꾸지 않는 것이 좋다. 학살에 대한 양심의 가책은 환경운동가들의 전유물이 된 지 오래다. 지금 뻘밭은 모래바람이 휘날리고 중장비들이 오고가며 다지고 북돋워 새로운 땅을 만들어가고 있다. 3년이 지난 지금 그 땅에 밀과 보리를 심어 토질의 변화를 테스트하고 있다. 하찮다. 뻘밭을 들썩이던 다종다양한 게와 조개, 갯지렁이, 낙지, 소라, 고둥 등을 보았다면 밀과 보리는 하찮다 하지 않을 수 없다. 사릿날 강물을 역행해 거세게 밀고 들어오는 조수의 힘을 느꼈다면 새로운 땅은 결코 하찮지 않다.

내 어미는 만경강 변에서 나고 자라 여지껏 살아가고 있다. 어미는 1950년대의 만경강을 이렇게 회상한다.

"지금이야 꽃게가 귀허다지만 그때만 혀도 집 앞이만 나가면 소쿠리로 건졌어. 흔허디 흔헌 것이었지. 물이 들었다 빠질

지금 뻘밭은 모래바람이 휘날리고 중장비들이 오고가며 다지고 북돋워

새로운 땅을 만들어가고 있다. 하찮다. 뻘밭을 들썩이던 다종다양한

게와 조개, 갯지렁이, 낙지, 소라, 고둥 등을 보았다면

밀과 보리는 하찮다 하지 않을 수 없다.

바다에서

때 물길로 나가서 큰 대소쿠리로 죽 건지면 꽃게야 뭐야 가지가지 잡혀 올라왔었다. 그때야 귀헌것이었간디. 10월 넘어 알찬 꽃게 잡어다 끓여먹고 쪄먹으면 그만이지. 또 말이 나왔응게⋯ 느그 작은 외할아버지가 동네 사람들 뫼서 그런 짓을 잘 했어. 성격이 좋았지. 농사짓는 똘(수로) 안 있냐. 봄 되면 바다서 거기(수로) 타고 장어 새끼가 올라와. 농사짓는 동안 짠물 들면 안 되니까 수문을 닫아놓면 거기서 장어들이 안 크것냐. 가을에 농사 다 짓고 똘의 물을 쫙 빼. 위쪽(상류) 물은 탁 막고 물을 쫙 빼면 장어며 미기(메기)가 그득혀. 동네 사람들이 그것으로 잔치를 허고도 남게 많이 잡혔어. 팔뚝만헌 장어를 요새는 구경이나 할 수 있간니? 미기 보다야 장어가 맛있지. 장어를 한솥 넣고 오래오래 끓이면 그것이 끈적끈적혀. 쩍쩍 붙는다고. 묵처럼 끓인 그놈 한사발 먹으믄 맛있지. 참 맛있어. 동네 사람들이 다 먹고도 남게, 그렇게 많었는디 인자는 다 틀렸어."

　가을 전어 따위 찾고 있을 때가 아니다. 나 어릴 때도 가시 많고 먹잘 것 없는 전어는 고기로 여기지 않았다. 가을 장어, 가을 꽃게가 한창일 지금이다. 내 입에 들어갈 장어, 꽃게 타령 하자는 게 아니다. 그것들은 도대체 무슨 이유로 바다와 강에서 사라졌는지를 묻고 싶은 것이다. 내 입에 넣지 못해 아쉬운 게 아니라 그것들이 살지 못하게 되었다는 것이 안타까운 것이다. 그것들이 거기에 살았으니 겨우 몇마리 어미와 마을 사람들의 입으로 들어가게 된 것뿐이다. 논란이 많은 기후변화까지 말하지 않더라도 인간이 저지른 만행은 헤아릴 수 없이 많다.

2011년 봄

2011년 3월 11일 동일본대지진이 발생하고 후쿠시마 원전 1, 2, 3호기에서 방사능이 유출됐다. 그 후로 유출, 검출, 유출, 검출… 농약은 흘러들었다. 작은 호수가 아니라 바다에 흘러들었다. 지옥의 묵시록 정도로 보이는가? 인간은 어쨌든 살아갈 것이다. 20년, 30년이 지나 아프고 병들어도 무엇이 원인인지 알 수 없다는 생각이 들 것이다. 인간은 지옥에서도 살아날 생명체니 크게 걱정 안 한다. 후손들에게 그 피해를 넘겨줄 수 없다는 개소리는 집어치우자. 이미 피해는 갈수록 최대화되어가고 있다. 후손들은 이 짐을 떠안았다. 지금도 앞으로도 해결 방법은 없지 않은가?

나는 사실 방사능 물질이 무엇인지 알지 못한다. 농약에 무슨 성분이 들어 있는지도 모르는데 방사능 물질까지… 내가 걱정하는 것은 나와 내 주변인의 안위가 아니라 바다에 살고 있는 셀 수 없이 많은 생명체들이다. 겨우 인간이라는 한 종의 생명체가 전 지구에 살고 있는 수만 종의 생명체들에게 이런 악영향을 미치다니, 이런 만행이 또 어디 있는가. 바이러스도 이런 지랄발광은 하지 않는다.

1951년 출간된 레이첼 카슨의 저서 『우리를 둘러싼 바다』의 서문은 지금의 우리에게 경종을 울린다.

지금까지 자연자원의 관리자로서 인간이 담당해온 역할은 실망스러운 것이었지만, 최소한 바다만큼은 신성 불가침한 영역이라는 믿음에서 어느 정도 위안을 얻어왔다. 바다를 변화시키고 오염시키는 것은 인간의 능력 밖의 일이라고 생각되었다. 그러나 불행하게도, 그것은 순진한 믿음이었음이 드러났다. 원자의 비밀을 파헤친 현대인은 무서운 문제에 직면하게 되었다. 지구의 역사를 통틀어 존재한 모든 위험한 물질 중에서도 가장 위험한 핵분열의 부산물을 어떻게 처리하느냐 하는 것이었다. 우리가 직면한 끔찍한 문제는 지구를 생명이 살 수 없는 곳으로 만들지 않으면서 이 독성물질을 처리할 수 있느냐 하는 것이다.

오늘날 이 불길한 문제를 다루지 않고 바다에 대해 이야기하는 것은 완전한 이야기가 될 수 없다. 아주 광대하고 멀리 떨어져 있는 것처럼 보이는 특성 때문에 바다는 폐기물 처리 문제로 고민하는 사람들의 주목을 끌었고, 최소한 1950년대 후반까지는 거의 아무런 논의도 없이, 일반 대중은 눈치도 채지 못하는 사이에 원자력 시대의 오염된 쓰레기와 '저준위 폐기물'을 버리는 '천연' 쓰레기장으로 선택되었다. 이 폐기물은 콘크리트를 씌운 통에 넣어 바다로 가져가 미리 정해둔 장소에다 던져넣었다. 일부 장소들은 연안에서 160km 이상 벗어난 곳에 있었지만, 근래에는 연안에서 겨우 30여km 떨어진 장소도 제안되었다. 이론상으로는 폐기물을 담은 용기를 1800m 깊이에 던지는 것으로 되어 있지만, 실제로는 훨씬 얕은 물속에 던져지는 경우도 있다. 그러한 용기의 수명은 최소한 10년인데, 그 후에는 그 속에 남아 있는 방사성 물질이 바닷속으로 흘러나오게 된다. 그러나 이것 역시 이론적으로 그렇다는 이야기이며, 그러한 방사성 폐기물을 직접 바다에 투척하거나 다른 사람들에게 그 일을 할 수 있는 허가를 내주는 원자력위원회의 한 위원은 용기가 바닷속으로 가라앉는 동안 '원래의 상태'를 그대로 유지하기 어렵다는 점을 인정한다. 실제로 캘리포니아에서 실시한 실험에 따르면, 불과 수백 미터 아래에서도 일부 용기는 수압 때문에 균열을 일으킨 것으로 드러났다.

그러나 해저에 이미 투척된 용기들과 원자력 과학의 응용이 확대됨에 따라 앞으로 더 투척될 용기들 속에 든 내용물이 바닷물 속으로 흘러나오는 것은 시간문제에 지나지 않는다. 이렇게 용기에 넣어 바다에 던져넣는 폐기물뿐만 아니라, 핵폐기물을 버리는 장소로 사용되고 있는 강에서도 폐기물이 바다로 흘러들고 있으며, 핵폭탄 실험에서 발생한 낙진 중 대부분도 넓은 바다 표면 위로 떨어지고 있다.

규제 기관들이 안전성에 대해 이의를 제기하긴 하지만, 이 모든 관행은 불확실한 사실에 기초하여 저질러지고 있다. 해양학자들은 깊은 바닷속에 유입된 방사성원소의 운명에 대해 '단지 애매한 추측'만 할 수 있을 뿐이라고 말한다. 그러한 폐기물이 강어귀나 연안 바다에 쌓일 때 어떤 일이 일어나는지 정확하게 알기 위해서는 수십년에 걸친 강도 높은 연구가 필요하다고 주장한다. 지금까지 밝혀진 바와 같이, 최근에 얻은 모든 지식은 바다의 모든 깊이에서 과거에 추측했던 것보다 훨씬 활발한 활동이 일어나고 있음을 시사한다. 깊은 바다의 난류, 깊이와 방향이 각각 다른 바닷속 거대한 강들의 수평이동, 깊은 해저에서 광물질을 함유한 채 솟아오르는 물, 반대로 아래로 하강하는 거대한 표층수의 흐름, 이 모든 것은 거대한 혼합 과정이 되어 시간이 지나면 방사성 오염물질은 골고루 확산되고 말 것이다.

그렇지만 바다 자체에 의한 방사성원소의 이동은 문제의 일부에 지나지 않는다. 사람에게 미치는 위험성 측면에서 본다면, 해양 생물의 체내에 농축되어 전파되는 방사성동위원소가 훨씬 중요할 수 있다. 해양식물과 동물은 방사성 화학물질을 흡수해 체내에 농축시키는 것으로 알려져 있지만, 그 자세한 과정은 거의 알려지지 않았다. 바닷속에 사는 작은 생물들은 물속에 포함된 무기물을 섭취하며 살아간다. 만약 그러한 무기물의 공급이 모자랄 경우, 생물들은 있기만 하다면 그 무기물의 방사성동위원소를 섭취하게 되는데, 때로는 체내에 농축되는 그 물질의 농도는 바닷속 농도의 100

만 배 이상에 이른다. 이 경우 '최대 허용수준'은 어떻게 계산해야 할 것인가? 작은 생물은 큰 생물에게 잡아먹히고, 결국에는 먹이 사슬을 따라 사람에게까지 이르게 된다. 그러한 과정을 통해 핵폭탄 실험장소인 비키니 섬 주변 100만 평방마일 내에 참치는 체내에 축적된 방사능 농도가 바닷물보다 훨씬 높아졌다. 해양생물은 움직이고 이동하기 때문에, 방사능 폐기물이 투척된 장소에 머문다는 안일한 가설은 설득력이 없다. 작은 생물들은 밤에는 수면을 향해 위로 올라가고, 낮에는 바닷속 깊은 곳으로 내려가는 광범위한 수직운동을 한다. 그와 함께 몸에 붙어 있거나 체내에 축적된 방사능도 함께 이동한다. 물고기나 물개, 고래 같은 큰 동물들은 아주 먼 거리까지 이동하면서 바다에 쌓인 방사성원소를 확산시키는 역할을 할 수 있다.

이렇게 본다면 문제는 지금까지 인식되어온 것보다 훨씬 복잡하고 위험하다. 폐기물 처리가 시작된 지 얼마 안 된 비교적 짧은 시간 동안에도 그 처리방법이 근거로 삼고 있는 일부 가정은 위험할 정도로 부정확하다는 사실이 연구를 통해 드러났다. 사실, 폐기물 처리는 우리의 지식으로 그 타당성이 입증되기도 전에 아주 급속히 이루어졌다. 먼저 처리하고 나중에 연구하는 것은 재앙을 자초하는 것이나 다름없다. 바닷속에 일단 버린 방사성원소는 회수 불가능하기 때문이다. 지금 저지른 잘못은 영원히 돌이킬 수 없는 잘못이 되고 만다.

바다에서

생명이 처음 태어난 바다가 그러한 생명 중 한 종에 의해 위협받고 있는 상황은 기묘하게 보이기도 한다. 그러나 바다는 비록 나쁜 방향으로 변한다 하더라도 계속 존재하겠지만, 정작 위험에 빠지는 쪽은 생명 자체이다.

이제 어떻게 할 것인가?
하늘로 솟을 것인가?
곧 엘리시움이 열리겠구나!!

* 영화 「엘리시움」에서 더이상 살기 어려워진 지상을 떠난 자본가들이 하늘 위에 지은 성을 말함. 지상에 남겨진 사람들은 엘리시움에 오르고 싶어한다.

아버지들이여 식사하시라

요즘 나는 식당에서 두 남자와 함께 일한다. 둘은 1967년생 동갑내기다. 올해(2015년)로 마흔아홉. 그러니까 두 달 뒤면 50대로 접어드는 '늙은이' 둘을 데리고 식당을 운영한다. 처음부터 그런 것은 아니었다. 나보다 한 살 어린 친구와 장사를 시작했는데 몇달 하더니 못해먹겠다며 그만두었고 그 뒤 나와 동갑내기 여직원이 들어와 함께 일했지만 그도 몇달 만에 소리소문 없이 잠적해버렸다. 그사이 '에그 조'라 부르는 고재칠씨가 배달사원으로 입사했고 두어 달 뒤 나의 오랜 친구이자 '아저씨'라 부르기도 하는 김필기씨가 주방보조로 입사했다. 에그 조와 아저씨. 두 늙은이의 공통점은 나이와 그에 걸맞은 고집 뿐이다.

에그 조

에그 조는 전남 나주 영산포 출신이다. 전직 직업군인, 놀이공원 DJ, 까까장사(제과영업), 택시기사, 족발집 사장 등 인생사가 파란만장하다. 에그 조는 전직만큼이나 말이 많다. "즐라남도 나주" 출신답게 '그랑께, 저랑께, 하따, 임병' 같은 사투리를 붙여가며 쉬지 않고 주절거린다.

에그 조에서 '조'는 '조 페시'에서 따왔다. 달걀을 너무 좋아해 아침마다 두 알씩 먹는다 해서 '에그 고'라 불렸는데 어느 날 끝을 알 수 없이 주절거리는 모습을 바라보며 영화 「좋은 친구들」의 조 페시가 떠올라 '에그 조'라 부르기로 했다. 그러고 보니 생김새도 조 페시와 무척 닮았다.

에그 조는 육류 마니아다. 풀떼기, 비린 것은 "치다도 보기 싫어"하는 식성인데 어릴 적에 엄마가 "만날 밥상으다 그런 것들만 올려싸서" 싫어한다. 그런 식성이다보니 밥상 위에 고기반찬이 오른 날은 밥을 두 공기도 넘게 먹어치우지만 생선탕이나 나물 반찬이 오르면 말문을 닫고 한 공기도 먹는 둥 마는 둥.

아저씨

아저씨는 전북 군산 어청도 출신이다. 나와 20년 지기로 그간 이꼴 저꼴 안 봐도 그만인 꼴까지 다 보며 함께 늙어가는 마당 인지라 호칭은 아저씨지만 친구로 묻어가는 사이다. 아저씨 본 인은 아니라고 목청을 높일지 몰라도 중론을 모아보면 평생 백수로 살아온 것만은 분명하다. 붕어빵을 팔고 잠깐이나마 커 피숍도 운영했고 가정주부로서 아내와 아이들 뒷바라지에 붉 은 청춘 불사른 것은 모르는 바 아니나, 그렇다 해도 육체노동 과는 참으로 거리가 먼 인생이었는데 나이 쉰을 앞두고 주방 보조 일을 시작한 것이다.

아저씨는, 당연하게도, 에그 조와 반대로 말이 없다. 보통은 듣는 편이고 말을 해야 할 때만 몇마디 하고 만다. 그러다보니 에그 조의 수다가 더욱 두드러지는데, 아저씨의 장점이라면 상 대의 말에 맞장구를 잘 쳐주는 것이어서 에그 조의 수다에 날 개를 달아준다.

또한 아저씨는, 당연하게도, 에그 조와 반대로 고기를 먹지 않는다. 애써 채식주의자가 된 것이 아니라 외딴섬에서 고기라 는 것을 먹어보지 못하고 자랐기 때문에 먹지 못하는 것이다. 에그 조는 어린 시절 받아먹던 엄마의 밥상이 싫었던 반면 아 저씨는 어린 시절부터 섬에서 먹어버릇한 음식에 길들여졌고 그와 비슷한 상차림을 지금도 좋아한다. 그래서 밥상 위에 비린 것이나 나물, 해초 등이 올라오면 반색하며 밥술을 들지만 닭이라도 삶고 고기라도 굽는 날이면 밥 반공기도 먹는 둥 마는 둥.

일은 힘들고 벌이는 쥐꼬리만 한 게 식당일이라지만 불문율 한 가지가 있다. '밥은 준다.' 장사가 되고 안 되고는 사장 소관이고 끼니때가 되면 일하는 두 늙은이 밥을 챙겨줘야 하는데 두 사람의 식성이 이리도 다르다보니 한상에 서로의 입맛에 맞는 밥을 차려내기란 쉬운 일이 아니다. 그래서 궁리 끝에 올리기 시작한 밑반찬이 젓갈이다. 에그 조는 소시지 반찬이라도 입에 맞으면 잘 먹고 입에 맞지 않으면 "맛없다"며 구시렁거리기라도 하는데 아저씨는 통 말이 없으니 그의 입맛에 맞는 밑반찬이라도 잘 갖춰둬야겠다는 생각에서였다.

처음엔 황석어젓과 바지락젓만 무쳐 올렸는데 시간이 지나면 지날수록 젓갈 가짓수가 늘어났다. 부산에 들렀다 얻어온 멍게젓, 곰소에 들렀다 사온 갈치젓과 가리비젓, 지난해 충남 태안에 들렀다 사둔 자하젓과 코숭어젓까지 밥상에 올리자 에그 조는 볼멘소리를 내뱉고 아저씨는 반대로 환호했다. 나는 딱히 가리는 음식 없이 모두 잘 먹지만 그럼에도 고기보다 비린 것에 먼저 손이 가는 갯놈인지라 젓갈 반찬이 많은 밥상을 좋아한다.

멍게젓은 시원한 맛이, 갈치젓은 골탕한 감칠맛이, 가리비젓은 쫀득한 식감이 일품이다. 자하젓과 코숭어젓은 지난해 태안에 들렀다 처음 알게 되었는데, 자하(紫蝦)란 글자 그대로 보라색 새우를 뜻하고 코숭어는 숭어와 별개로 밴댕이와 비슷한 태안의 특산 어종이다.

지난해 여름 태안 신두리 해변을 어정거리다 뜰망으로 새우를 잡는 노인을 만났다. 노인은 모기장만큼 코가 가는 그물로 바닷물을 훑었는데 그때마다 아주 작은 새우가 그물에 걸려 나왔다. 노인은 그렇게 몇시간 동안 족대질을 해서 겨우 자하 한바가지를 잡았다. 내가 "그것으로 무엇을 하느냐"고 물었더니 "자하젓 담근다"고 노인은 대답했다.

자하는 살아 있을 때는 투명한 색을 띠지만 젓으로 담가 4~5개월이 지나면 보라색으로 변한다. 자하는 얼핏 보기에 곤쟁이나 백하와 비슷하지만 곤쟁이나 백하는 젓으로 담그면 회색을 띠고 자하는 보라색을 띤다. 그 맛은 곤쟁이나 백하와 비할 게 아니다. 잘 여문 암게로 담근 게장에서 붉은 내장만 골라 먹는 맛이랄까. 부드럽고 고소한 데다 단맛이 도는 감칠맛까지 풍부해 곧장 밥에 비벼 먹어도 일품이고 탕과 찜, 무침요리의 맛을 내기에도 제격이다.

코숭어젓은 태안 읍내 전통시장의 허름한 국밥집에서 처음 맛보게 되었다. 국밥에 새우젓 대신 코숭어젓이 나왔다. 황석어젓이나 갈치젓보다 골탕해 얼핏 삭힌 홍어를 먹는 듯했지만 입안에 감도는 감칠맛이 너무도 근사해 무슨 젓갈이냐고 묻지 않을 수 없었다. 늙수그레한 주인아주머니는 그것도 모르느냐는 듯이 "코숭어!"라고 짧게 대답했다. 아주머니 말에 따르면 게국지는 코숭어젓국으로 담가야 제맛인데 이제는 가정집이 아니고는 코숭어게국지를 맛보기 어렵다고 했다.

"허따, 뭔 밥상에 젓갈이 이리도 많다냐. 젓갈을 이렇게 고루가지로 차려놓고 먹는 집도 없을 것이네, 참말로."

에그 조는 이렇게 볼멘소리로 반찬투정을 하고 아저씨는 처음 맛보는 코숭어젓과 자하젓 맛에 빠져 밥 한그릇을 더 먹었다. 그래서 며칠 뒤에는 토종닭 세 마리를 삶았다. 에그 조는 에그 조답게 혼자서 닭 한 마리를 먹어치웠고 아저씨는 아저씨답게 국물 한 모금 떠먹지 않았다.

최근엔 일주일 간격으로 메뉴를 달리한다. 한 주는 에그 조가 좋아하는 고기반찬, 다른 한 주는 아저씨 좋아하는 해산물 반찬 식이다. 가끔 에그 조에게 청국장을 강요하고 아저씨에게 달걀탕을 강요하기도 하지만 그 정도까지는 그럭저럭 숟가락이 오고 간다. 두 사람이 공히 좋아하는 음식은 회뿐인 듯하다. 횟집이 아닌 이상 날마다 회를 먹일 수 없는 일이므로 오는 12월 어느날은 지천명을 앞둔 두 사람을 모시고 횟집에 들러 하루를 즐겨볼 생각이다.

두 사람 다 그간 하루도 녹록찮은 아비이자 지아비로 살며 기죽고 병들어 오십을 맞이한다. 그러므로 휴식을 맞이한다면 얼마나 좋을까마는 자식들 대학 등록금에 뼛골이 으스러지는 아비 그대로다. 지천명을 알기 전에 밥이라도 한상 푸지게 자시고 일어서시라. 노인을 위한 나라는 없어도 늙은이들 밥은 챙겨드리리다.

일은 힘들고 벌이는 쥐꼬리만 한 게 식당일이라지만 불문율 한 가지가 있다.

'밥은 준다.' 두 사람의 식성이 이리도 다르다보니 한상에 서로의 입맛에 맞는 밥을 차려내기란 쉬운 일이 아니다.

안수정등(岸樹井藤)[*]— 달〔甘〕다

입에 단것이 당기는 날이 있다. 1년을 살아야 내 입에 넣자고 사탕 한 봉지 사는 일 없는데 며칠 전 그날은 일부러 차를 세우고 편의점에 들어가 말랑말랑한 사탕 한 봉지를 사들었다. 당이 떨어져서 급하게 찾는 그런 사탕이 아니었는데도 앉은 자리에서 네댓 개를 까먹고 있었다. 이내 입이 마르고 목이 탔다. 짠 것을 많이 먹고 물을 켜듯 단것을 많이 먹고도 물켜 애를 먹었다.

오늘도 급한 요기가 찾아오기라도 한 것처럼 입에 단것이 당겨, 통아이스크림을 끌어안고 퍼먹듯, 방바닥에 드러누워 사

[*] 불교 설화로, 한 나그네가 절벽 나무에 걸린 등걸에 매달린 절박한 상황에서도 꿀을 탐하더라는 내용.

과잼 한 통을 숟가락으로 퍼먹었다. 이 사과잼은 몇주 전에 그녀가 만들어온 것인데 마스코바도(사탕수수를 정제하지 않은 원당) 설탕으로 조려 그리 달지 않고 향긋해서 그것만 떠먹어도 부담스럽지 않고 맛도 좋았다.

그녀의 고향집 이웃에선 사과농사를 짓는데 상품은 내다 팔고 못나고 상처난 사과들은 이웃에 나눠주는 모양이다. 막 딴 사과는 못나거나 어쩌거나 아삭하고 맛이 좋아 손에 잡히는 대로 깨물어 먹지만 시간이 지나 마르고 퍼석해지면 천한 것이 되어버려서 냉장고 어느 구석진 자리에서 붉은색으로만 요란하다. 몇주 전 지면에서 '못난 것들, 신경쓰인다'고 주절거려선지 못난 사과의 껍질을 벗기고 다져 솥에 넣고 끓여 잼을 만들어보았노라고 말했다.

아침에 눈떠서 방바닥을 굴러다니며 잼 반통을 떠먹고 점심과 저녁에는 식빵에 발라 먹었더니 하루 종일 입안이 달달하다.

유전인지 무엇인지, 할머니는 유난히도 단것을 밝혔다. 참외를 깎으면 남들은 버리는 씨만 골라 드셨다. 참외 씨가 엉겨 붙은 태좌가 달고 맛있다는 것이었는데, 깎은 참외를 반으로 갈라 숟가락으로 태좌와 무른 안쪽 살만 긁어 먹고 나머지 과육은 나 먹으라고 주었다. 그걸 누가 좋아한다고. 매년 가을만 되면 변비로 곤욕을 치르면서도 할머니는 달콤한 감의 유혹을 견디지 못해 단감이건 홍시건 가리지 않고 열댓 개씩 먹고는

안수정등(岸樹井藤)―달〔甘〕다

똥 안 나온다며 울상을 지었다.

겨울이 되면 늙은 호박 몇개는 할머니 차지였다. 누렇게 익은 단단한 호박 서너 개를 할머니 자는 아랫목 머리맡에 모셔두었다가 생각날 때마다 하나씩 꺼내 꿀단지를 만들었다. 호박 꼭지 부근을 빙 둘러 칼로 도려내고 씨를 파낸 뒤 그 안에 꿀을 가득 채우고 대추·인삼·은행 따위를 넣고 봉합해 찜솥에 쪘는데 호박도 참외처럼 태좌가 달고 맛나다며 씨만 골라내고 태좌는 도로 호박 안에 넣고 쪘다. 그 꿀단지가 어찌나 달았던지 식구들은 줘도 안 먹었지만 할머니와 나는 맛나다며 뜨끈뜨끈한 것을 한 국자씩 떠먹었다. 할머니는 호박 꿀단지도 참외를 먹는 방법 그대로 달지 않은 과육은 먹지 않고 나를 주거나 나도 먹지 않으면 소에게 먹였다. '달지 않은 과육 따위 소나 먹는 것이지.'

'노랑술'(환타)을 '꺼멍술'(콜라)보다 좋아했는데 할머니 입맛에는 노랑술이 꺼멍술보다 더 달았던 모양이다. '말강술'(사이다)이나 시금털털 스포츠음료 따위는 누굴 먹으라고 만들었는지 모르겠다며 상종도 하지 않았다. 할머니가 여태 살아 계셔서 탄산수를 맛보았다면 어떤 표정을 지으셨을지….

단것이 당기는 날은 술이 당기는 날보다 몸 상태가 좋지 않음을 알게 된 것은 그리 오래된 일이 아니다. 술이 당기는 날은 몸에 어느 정도 기운이 남아 있어서 술을 감당할 수 있겠다는

겨울이 되면 늙은 호박 몇개는 할머니 차지였다. 누렇게 익은

단단한 호박 서너 개를 할머니 자는 아랫목 머리맡에 모셔두었다가

생각날 때마다 하나씩 꺼내 꿀단지를 만들었다. 그 꿀단지가

어찌나 달았던지 식구들은 줘도 안 먹었지만

할머니와 나는 맛나다며 뜨끈뜨끈한 것을 한 국자씩 떠먹었다.

안수정등(岸樹井藤)—달(甘)다

말이지만, 단것이 당기는 날은 몸도 마음도 모두 지쳐버렸다고 몸이 나에게 신호를 보내는 것이다. 그런 날이면 뜨끈한 아랫목과 두툼한 담요, 그리고 꿀단지가 필요한데 아무것도 만족시켜주지 못하니 다급하게 사탕이라도 입안에 밀어 넣어줘야 했다. 그렇게라도 달래주지 않고 버티거나 모른 척하면 지독한 몸살이 찾아왔다. 어느 해에는 그 신호를 술을 달라는 뜻으로 잘못 이해하고 소주 한 병 마셨다가 사흘 밤낮을 끙끙 앓았고, 다른 해에는 링거를 꽂고 병원 신세를 져야만 했다.

나는 작년 한해 동안 자연에서 내 손으로 구한 것만 먹고 살아보겠노라 결심하고 전국의 산과 들, 해안가를 여행했다. 그 결심을 철저하게 지켜내지는 못했지만 대체로 그 뜻을 견지하기 위해 노력했다. 그 여행을 통해 얻은 것은 매우 많지만 가장 크게 얻은 것은 내 몸과 자연이 전하는 말에 귀 기울일 수 있게 된 것이고 그 뜻도 이해하게 된 것이다. 몸으로 자연을 견뎌야 했으므로 몸은 정신보다 우위를 점하고 자연과 직접적으로 대면했다. 몸보다 생각을 앞세웠을 때 몸살이 나고 찢어지고 깨지고 부서졌다. 여행 초반엔 생각하는 대로 몸이 움직여주길 바랐지만 중반을 넘기면서 자연스럽게 생각이 몸을 따랐다. 몸이 쉬자고 하면 며칠이라도 쉬었고, 견딜 만하다면 아무리 힘든 일이라도 해내고 말았다.

몸을 따르자 자연은 불편해하지 않고 밥을 내쳤다. 여행 초반엔 밥을 구하지 못해 20kg 이상 살이 빠졌지만 중반 이후에 몸은 계절과 날씨, 밤과 낮의 변화, 달과 해의 움직임에 맞춰 잠들고 깨어나고 밥 먹고 똥을 싸며 적응해 강건해졌다. 먹지 못하면 며칠이고 똥을 싸지 않았다. 변비가 아니었다. 먹지 않았으므로 앞서 먹었던 것을 내보내지 않는 것이었다. 날이 추워지자 혈액 안에 지방을 축적했다. 건강검진을 받았을 때 의사는 심각한 표정을 지으며 일반인보다 수십배 높은 지방이 혈액에서 검출됐다며 고지혈증을 의심했지만, 나는 무척이나 말랐고 생활하는 데 아무런 불편함을 느끼지 못했다. 여름엔 더위를 견뎌내기 위해 몸 스스로 서늘해졌고 겨울엔 추위를 견뎌내기 위해 혈액 안에 지방을 가득 품었다. 살아 있는 하나의 존재로서 자연과 조화를 이루려는 노력으로 보였다.

호두 껍데기와 알맹이 사이에 간극이 존재하고, 서로 다른 물질이지만 껍데기와 속살이 함께 있어야만 온전한 호두 한 알이 되는 것처럼, 몸과 나는 다른 존재지만 조화를 이뤄 합쳐져야만 '나'라는 온전한 존재가 된다는 것을 깨달았다.

여행 전 내가 누구인지조차 알지 못하는 무지함에서 비롯한 통증(부끄러움까지 포함한)을 감당할 때마다 아무것도 모르고 기운만 센 '젊음'이 싫었다. 힘을 버리고 지혜와 바꿀 수 있다면 그리하겠노라 다짐했던 날들이 촘촘했다. 아주 어린 나이에는, 알아먹지 못해 답답한 그 젊음이란 감옥을 탈출할 수 있는

안수정등(岸樹井藤)―달〔甘〕다

유일한 방법은 늙는 것이라고 생각했다. 아비나 어미만큼 늙어서는 그 편안함을 찾을 수 없다고 생각했다. 할머니나 할아버지 정도 나이를 먹은 사람들만이 사람과 사람의 관계에 신경 쓰지 않고 세계와 직접 대면한다고 여겼다. 쭈글쭈글해진 몸과 후줄근한 차림새를 바라보는 시선에 더이상 집착하지 않는 그 처연함이야말로 내면의 갈등이 사라지고 편안해진 상태라고 초등학교 4~5학년 무렵에 생각했었다. (이렇게 근사한 말로 생각했던 건 아니다. "살 만큼 살았는디, 뭐?!"라고 말할 때의 그 쿨함이 내 눈엔 끝내주게 멋져 보였다. 엄마, 아빠는 늙은이의 허튼 투정으로 치부했으므로 그들은 아직 멀었던 것이다.)

아직 나는 젊어서, '젊어서 좋았다'고 말할 수 있는 나이는 아니지만 '이제는 나이를 먹어 몸이 전하는 말을 알아들을 수 있어 좋다'고는 말할 수 있다. 아마도 봄볕 아래 쪼그려 앉아 아지랑이 피어오르는 저기 먼 세계를 내려다볼 때까지 나이를 먹어도 젊음을 그리워하지는 않을 것 같다. 아무것도 모르고 원숭이 새끼처럼 까불던 어제까지의 나를 떠올리면 아찔해서 눈이 질끈 감기기 때문이다.

언제쯤 나는 이러한 부끄러움에서조차 벗어나 홀가분하게 꿀단지를 품에 안고 쌉싸름하지 않고 달콤하기만 한 호박물을 뜨끈뜨끈 떠먹을 수 있을는지….

세상의 모든 외로운 영혼들이여

시간날 때면 전북 완주군 내의 작은 마을들을 마실 삼아 찾아다니는데 재작년 이맘때 완주군 소양면 어느 작은 마을에서 할머니 한분을 만났다. 할머니는 마당에 따로 만들어둔 아궁이에 불을 피워 물을 끓이고 있었다. "내일 교회 가야 혀서 머리 좀 감으려고 물 끓이고 있다"는 할머니의 집은 정갈한 초가집이었다. 처마에 지른 대나무 장대에는 메주가 소담하게 매달려 있었고 마당 한귀퉁이에 모여앉은 장독들은 반짝반짝 윤이 났다.

배추를 길러낸 남새밭 한쪽 자리엔 묻은 지 얼마 안 된 김장독이 눈에 띄었다. 마루에는 분홍색 플라스틱 바가지 하나가 놓여 있었는데 그 안엔 노란 배추 한쪽과 무 하나, 배 반쪽, 사과 반쪽, 갓과 쪽파 한 뭉치에 자박하게 국물을 담은 동치미가 담겨 있었다. 머리 감을 물을 끓이기 전에 도가지에서 동치미한바가지 떠다놓은 모양이었다. 머리 감기 전에 동치미를 떠다놔야 머리를 감고 곧장 방으로 들어갈 수 있을 테니 말이다. '머리 감고 동치미 뜨러 가다 감기 들기 십상이지, 암만'이라고 나는 생각하며 배시시 웃었다. 자식 여섯은 죄다 시집 장가들어 떠나고 영감하고 함께 이 집에서 살았는데 이제는 영감도 죽고 혼자 이러고 산다며 김이 모락모락 올라오는 머리를 수건으로 싸매던 할머니가 말했다.

"자식들이 오라 해도 안 가. 아파트가 편허기는 혀도 씻고 자는 것만 편허지 다른 것은 편허도 안 혀. 마당 있고 남새밭 있고 혀야 김장도 담그는 것이지. 지금도 때 되면 죄다 모여 여그서 김장 담가. 긍게 여그가 얼매나 좋아, 허허허."

늙은이 사는 모습이나 하는 말이 대개 그러한 것인지, 다른 땅 남모르는 할머니의 하는 짓과 말이 어찌 우리 어미와 그리도 같을까. 머리 감은 할머니는 감기 들지 모른다며 동치미 바가지 들고 곧장 방으로 들어가고 나는 뒤돌아 나오는데 보지 않아도 할머니의 앞일과 뒷일이 훤하게 그려졌다.

내 어미는 이제 이가 시려 도가지에서 막 떠담은 시원한 동치미를 먹지 못한다. 그래서 동치미 한바가지를 떠다 아랫목에 모셔두었다가 미지근해지면 그때 먹는다. 동치미 한바가지 떠다 아랫목에 두면 삶은 밤, 고구마 먹을 때 한모금씩 마시고 밤참으로 배추와 무도 한점씩 집어먹는다. 새벽에 일어나 자리끼로도 마시고 아침 밥상 반찬으로도 먹는다. 그리고 다시 한바가지 떠다놓고 그것을 물과 간식, 반찬 삼아 겨울을 난다. 소양면에서 만난 할머니라고 그러지 않을러고. 울 엄마도 교회 가기 전날이면 뒷마당 아궁이에 불 피워 끓인 물로 머리 감고 교회 갈 채비를 한다. "뜨신 물 콸콸 나오는 보일러가 없어서" 그러는 게 아니다. 평생 그러고 살았고 그렇게 머리 감아도 개운하기만 한 것을….

동짓달 늦은 밤 시골집을 찾아갔더니 어미는 낡은 집에서 잠들어 있었다. 깎아먹은 배 껍질과 까먹은 밤 껍데기가 분홍색 바가지에 담겨 있었다. 그 옆에 동치미는 없었다. 첫눈이 야무지게 내릴 무렵에 김장을 담근다는 소식을 들었는데 일이 바빠 김장 일을 거들지 못하고 뒤늦게 찾아 면목이 없었다. 올해는 누이와 누이의 친구, 매형, 어린 조카가 일손을 거들어 김장을 마쳤다 했다. 어미의 얼굴은 머리 감고 난 할머니의 얼굴처럼 편안해 보였다. 김장은 한해 동안 이뤄지는 큰일 중 가장 마지막 일이어서 내년 봄까진 달리 걱정할 것이 없어서일 것이다.

"얼굴이 해반허오. 큰일 허느라 고생 많으셨소."

내 어미는 이제 이가 시려 도가지에서 막 떠담은

시원한 동치미를 먹지 못한다. 그래서 동치미 한바가지를 떠다

아랫목에 모셔두었다가 미지근해지면 그때 먹는다.

동치미 한바가지 떠다 아랫목에 두면 삶은 밤, 고구마 먹을 때 한모금씩 마시고

밤참으로 배추와 무도 한점씩 집어먹는다.

김장이 큰일이긴 해도 김장을 담그기 위해 봄부터 해온 일에 비하면 화룡정점을 찍는 찰나일 수밖에 없다. 봄에 고추를 심어 수확하고 말리고 빻아 고춧가루를 만들고, 마늘과 양파를 거둬 말리고, 실파를 심어 대파로 길러내고, 젓갈을 담가 익히고, 갓과 무, 배추를 심고 길러내야 비로소 김장을 할 수 있는 것이다. 그 사이사이 애타는 일이 한두 가지였을까.

　이튿날 새벽 아침 밥상에는 김장김치와 함께 닭백숙이 올랐다. 닭백숙을 보자 동치미 생각이 절실해 어미에게 물었다.

　"동치미는 안 담갔소?"

　"왜 동치미 담가주랴?"

　"시원한 동치미 국물에다 이 닭국물을 넣고 괴기도 짝짝 찢어 넣고 무수(무)랑 배추도 쓸어담고 거그다 국수를 말아 먹으믄 기가 맥히게 맛나."

　이가 시려 먹지 못하는 것이라 담그지 않았는데 밭에 아직 무도 있고 배추도 남았으니 한 도가지 담가주겠다는 어미의 말이 반가웠다. 사실 이 대화는 몇년째 반복되는 어미와 나만의 콩트 같은 것이다. 지난해에도 이렇게 물어 동치미를 얻어냈고 재작년에도 그 전해에도 그랬다. 주문을 외워야 문이 열리고 찾는 사람이 있어야 동치미도 담근다. 아마도 어미는 그렇게 물어주길 기다리고 있었는지 모른다. 동치미를 담그려면 한 도가지 가득 담가야 군내 없이 잘 익는데 먹는다는 사람이 없으면 혼자서 그 많은 동치미를 담가 어찌 먹어치울 수 있을까. 그래서 내가 오길 기다려 동치미를 찾으면 그때 담그는 것인지도 모른다. 그도 그럴 것이 이렇게 해서 동치미를 담그면 3분의 2는 나를 주고 나머지를 어미가 먹는데, 시골집에 갈 때마다 보면 아랫목에 동치미를 꺼내놓고 반찬 삼아 물 삼아 먹는 걸 볼 수 있다. 어미는 이렇게 말한다.

"혼자 살면 뭐든 귀찮은 법이여. 함께 먹을 사람이 있어야 김장도 허고, 동치미도 담그고, 괴기도 삶고, 팥죽도 끓이고, 된장도 담그는 법이지. 안 그냐? 혼자 그것을 무슨 기운으로 만들고 무슨 맛으로 먹는다냐. 간장만 있어도 밥이야 먹는 것을."

여기서 뜬금없는 연애 얘기 하나 하자. 얼마 전 나와 연애하는 그녀가 밥을 지어놓고 이런 메모를 남겼다.

연애를 이루는 가장 큰 두 가지는 성욕과 식욕일 겁니다. 어쩌면 같은 비중으로 적절히 제대로 버무리지 못하면 연애 또한 실패할지도 모릅니다. 그래서 매번 돈만 지불하고 식욕을 해결하는 연인들은 쉬이 지칩니다. 식욕을 채움에 열과 성을 다하지 않았으므로 성욕과의 균형이 깨진 것이지요. 함께 머물고 같이 있는 시간에 온전히 먹고 싸고 할 수 있다면 참과 거짓을 금방 알아챌 수 있을 텐데요. 손잡고 먼 길 가는데 눈이 맞을 때마다 할 수는 없잖아요. 눈맞으면 먹기도 하고 그래야지요. 성욕이 허허로워지면 식욕만으로도 쇠털같이 많은 날 살고 그러는 거지요. 연애를 상상만 하는 세상 모든 외로운 아저씨들도 요리를 할 일입니다. 달콤한 건 몸에 바를 때보다 마주 보고 함께 먹어야 제맛입니다. 허니를 몸에 바르는 건 상상이지만 허니시나몬단호박은 실체이며 사랑입니다. 건빵에 설탕만 발라도 완전 사랑스럽죠.^^

연애만 이런 것이 아니라 사람 사이에 하는 짓이란 것이 거개가 이러하다. 어미와 자식 관계라 해도 그녀가 말하는 연애의 범주에서 크게 벗어나지 않는다. 간장만 있어도 밥은 먹어지지만 동치미를, 김장김치를, 허니시나몬단호박을 만드는 데 열과 성을 다하는 이유는 나 하나가 아닌 너와 함께 밥을 먹기 때문이다. 가난한 영혼들아, 동짓날 긴긴밤이 얼마 남지 않았다. '그'를 혹은 '그년'을 위해 뜨끈한 팥죽 한그릇 끓여 동치미 국물과 함께 나눠먹어보자. 동짓날 긴긴밤이 그리 길지만은 않을 것이다.

김치의 맛

겨울이라 하기엔 아직 이른 11월 초순에 그녀는 김치 한통을 들고 찾아왔다. 김장김치라고 말했다. 그녀의 고향은 충북의 어느 깊은 산골마을이어서 11월 초순이 되면 서리가 내리고 얼음이 언다. 그래서 다른 지역보다 한 달 이상 앞서 김장을 담근다. 추운 산골마을의 김치답게 짜지 않고 삼삼했으며 젓갈이 덜 들어가 깔끔했다. 지역의 특징과 함께 개인의 입맛도 더해져 있었는데 그녀의 어머니는 양념을 덜하고 국물이 자박한 김치를 좋아한다고 한다. 또한 배추 숨을 덜 죽인 아삭한 식감을 좋아해 소금에 절이는 시간을 짧게 한다고도 했다. 따라서 국물이 자박한 물김치처럼 보였다.

그녀가 들고 온 김치를 먹다보니 어느덧 11월 하순이 되었는데 그 무렵 한 선배가 김치 한통을 들고 가게로 찾아왔다. 선배의 처가에서 담근 김장김치였다. 선배의 처가 사람들은 전주에 거주하고 있지만 본디 완주군 고산면의 깊은 산골마을 사람들이다.

완주군 고산면은 진안군과 무주군, 장수군과 더불어 넓은 고원을 이루고 있는 지역이라 1960~70년대만 하더라도 사람의 발길이 닿기 힘든 지역이었다. 자연히 간고등어 한마리, 새우젓 한입 맛보지 못하고 살아온 사람들이라 지금까지도 비린 것을 좋아하지 않는다. 따라서 김치에 젓갈은 아주 조금만 넣고 소금으로만 간을 한다. 짭짤한 김장김치였지만 깔끔하고 시원해서 생김치로 먹기에 그만이었다. 누른고기에 싸서 막걸리 안주로 먹고 며칠간 밥반찬으로 먹었더니 금세 김치 한통이 바닥을 드러냈다.

12월 초순이 되자 첫눈이 모질게 내리고 여기저기 김장을 담그느라 북새통을 이뤘다. 그 무렵 가게 뒷마당에서도 김장김치를 담갔다. 이웃한 부동산에서 담근 김장이었는데 김치의 맛만으로도 고향을 어림짐작할 수 있었다.

부동산 사람들이 담근 김치의 맛은 전형적인 전주식이었다. 각종 양념을 푸짐하게 넣어 화려하게 김치를 담갔다. 물 한방

올 떨어지지 않을 때까지 배추 숨을 죽이고 국물이 배어나오지 않게 담그는 것도 전주 김치의 특징이다. 색과 맛과 향이 두루 조화를 이룬 고급스러운 맛이었다. 그러나 나는 언제나 이렇게 완벽한 조화를 이루려는 전주 음식의 맛에서 어딘가 부족함을 느낀다. 다양한 재료를 조화롭게 배합해 완전한 균형을 이뤄냈지만 네모반듯한 정형 그 자체여서 전주 음식을 몇달 몇년을 먹다보면 라면이 충격적으로 맛있다는 생각이 들기도 한다. 그래서일까. 아이러니하게도 한식으로 명성이 드높은 전주에 여러 개의 체인점을 두고 있는 OOO피자의 판매량은 전국에서 세 손가락 안에 꼽힌다고. 이야기를 듣고 처음에는 의아했지만 무자극한 전주의 음식들을 먹을 때마다 그럴 만하겠다는 생각을 종종 하게 된다.

12월 중순을 넘어서자 전국 각지의 김치들이 한꺼번에 몰려들었다. 우선 에그 조가 들고 온 김치가 인상적이었다. 에그 조는 전라남도 나주 사람인데 나주에 살고 있는 누님이 담가 보내준 무김치에는 남도의 정서가 물씬 배어 있었다. 짧고 굵은 조선무를 4등분해 그대로 담갔다. 입을 아주 크게 벌려야만 한 입 베어먹을 수 있다. 너무 커서 젓가락으로 집을 수조차 없으므로 한 손에는 밥 한술 뜨고 다른 한 손에 김치를 집어들어야 한다. 밥을 입에 떠넣고 입을 아주 크게 벌린 다음 손가락으로 집어든 무김치를 입안으로 밀어넣고 베어먹어야 한다. 이 판국에 양반님네 점잔 같은 소리는 집어치워야 한다. 아무리 먹기 사나워도 한입 베어 물어 아작아작 씹다보면 감탄이 절로 터져나온다. 군내 하나 없이 시원하고 상큼한 데다 잘 삭은 젓갈로 맛을 낸 국물 맛이 무 안쪽까지 깊이 배어 감칠맛까지 더해준다. 시원시원 거침없이 담근 김치이므로 먹는 것도 그리해야 한다. 깨작깨작 작은 것을 골라 먹으려 한다거나 칼로 썰어 먹기 좋게 담아서는 그 맛을 느낄 수 없다. 그랬다가는 김치가 서운하다며 한마디 할 것이다. "지랄 말고 그냥 처먹어, 임뫄!"

며칠 뒤 함께 일하는 친구의 누님이 김장김치를 들고 찾아왔다. 어청도가 고향인 친구네 김치에는 어청도에서 잡아 담근 젓갈이 들어갔다. 또한 어청도에서 재배한 배추로 김치를 담갔다. 배추는 작고 푸른 잎이 많은데 그 질기고 푸른 잎에 비린내 짙은 젓갈이 더해져 예사 사람은 범접할 수 없는 강렬한 맛과 향을 낸다. 12월 초순에 담근 이 김치는 이제 적당히 익어 숨이 죽고 맛이 조화를 이뤄가는 중이라 비린 김치를 좋아하는 사람들에게는 맛이 좋을지 모르지만 그렇지 않은 사람들에게는 한 달 정도의 시간이 더 필요하다. 한 달 후면 비린 냄새도 가시고 거칠었던 푸른 잎도 무뎌져 고소해진다.

앞서 언급했던 김치들은 막 담갔을 때 먹기 좋거나 한두 달 안에 먹어야 한다면 해안가에서 담근 거친 김치들은 이듬해 봄이 되어서 묵은지가 되었을 때 진가를 발휘한다. 질기고 푸

지난 두 달간 맛본 **다양한** 김장김치의 맛들이 스쳐지나간다.

김치라 불리는, 비슷한 레시피로 조리되는 같은 음식이

　　　지역과 풍토, 사람의 성향에 따라 맛을 달리하고 색을 달리하고

향을 달리하고 시간을 달리하고 먹는 방법까지도 달라지게 한다.

　　'이것이 피아노 연주다'라고 말할 수 없고, '이것이 김치다'라고 말할 수도 없다.

른 배추이기에 시간이 지나도 무르지 않고 젓갈을 많이 넣어 짜게 담갔으므로 계절이 바뀌어도 군내가 나지 않고 감칠맛이 살아 있다. 그 김치만 있다면 입맛 없는 봄날에도 물 만 밥이 개운하게 넘어간다. 우메보시 오차즈케(梅干し お茶漬け, 밥에 녹차를 부어 매실 절임을 얹어 먹는 일본 음식)만 멋일 리 없다. 우리에겐 물 만 밥 위에 얹은 묵은지가 있지 않은가.

그리고 어미가 김장김치 한통을 내주었다. 내 어미의 김치는 어청도 김치보다 더욱 강렬하다. 이런저런 잡생선을 한데 몰아넣고 담근 잡젓으로 김치를 담근다. 맑은 액젓만 걸러 담근 것이 아니라 꾹꾹 쥐어짜 뼛국물까지 모두 집어넣는다. 거기에 자젓(크기가 작은 새우로 담근 젓갈), 새우젓, 멸치액젓도 더한다. 마늘, 생강을 거침없이 넣고 모든 양념은 갈아 넣는다. 그리고 고춧가루는 조금만 넣는다. 얼핏 보기에 속도 없고 색도 별 볼일 없어 보이지만 코를 가까이 대면 지독하다 싶을 만한 향이 느껴진다. 그래서 막 담근 김치는 먹을 수 없다. 적어도 한 달은 지나야 맛을 알 수 있고 설 무렵에야 김치답다는 생각이 든다. 이 또한 내년 봄이나 여름이 되었을 때 완숙에 이르게 된다.

며칠 전 친구와 함께 칠리 곤잘레스(Chilly Gonzales)의 피아노 연주를 들으며 이런 대화를 나누었다. 악보에 표기된 한 음절을 연주하는 것인데도 사람에 따라 다르다. 같은 악기고 같은 악보인데 내가 연주하는 음악과 칠리 곤잘레스가 연주하는 음악이 다르다. 클래식은 변주를 용납하지 않으려 하지만 재즈는 변주 자체다. 칠리 곤잘레스는 정통 클래식에서 시작해 재즈를 지나 랩과 일렉트로닉을 넘나들며 변주한다. (개인적으로 칠리 곤잘레스는 노래는 안 했으면 좋겠으나….)

지난 두 달간 맛본 다양한 김장김치의 맛들이 스쳐지나간다. 김치라 불리는, 비슷한 레시피로 조리되는 같은 음식이 지역과 풍토, 사람의 성향에 따라 맛을 달리하고 색을 달리하고 향을 달리하고 시간을 달리하고 먹는 방법까지도 달라지게 한다. '이것이 피아노 연주다'라고 말할 수 없고, '이것이 김치다'라고 말할 수도 없다.

간혹 외국 드라마나 영화에서 한국 음식이 등장하는 장면을 볼 때마다 어쩐지 어색해서 웃음이 나오고 만다. 김치나 고추장, 된장을 어떤 정형화된 하나의 형태로 보고 있다는 인상을 받기 때문이다. '저 사람들은 김치의 종류가 수백 가지가 된다는 사실을 알까? 곰팡이 핀 메주를 본다면 어떤 표정을 지을까?' 이런 생각을 하다 문득, 내가 알고 있는 우스터소스도, 케첩도, 오렌지 마멀레이드도, 프렌치 프라이드도 캔과 병, 봉지에 담겨 있는 정형화된 것은 아닐까라고 생각해본다. 분명 우스터소스 하나만 하더라도 나라마다, 지역마다, 집집마다 모두 다른 맛을 내며 각자의 취향에 따라 변주되고 있을 것이기 때문이다. 결국 표기된 레시피란 공산품이거나 개똥이다.

미역국의 기적

알배기 멸치 한줌을 솥에 넣고 볶아 비린내를 날리고 맑은 물을 부어 맛국물을 우려내는 일로 그날 아침 일과를 시작했다. 멸치국물이 우러나는 동안 마른 미역 한줌을 꺼내 차가운 물에 불렸다. 초겨울에 딴 어린 미역인지 물이 닿자마자 부들부들 살아나 짙은 초록빛을 띠며 반짝거렸다.

우러난 멸치국물에 마늘즙과 무즙을 한 숟가락씩 넣고 면포에 받쳐 맑은 맛국물을 걸러냈다. 맑은 맛국물에 깨끗이 씻은 미역을 넣고 약한 불로 오랫동안 끓였다. 미역은 오래 끓여야 부드럽고 국물 맛이 좋다. 미역이 부드러워졌을 때 조랭이떡만

하게 자른 가래떡을 넣고 뜸을 들인 뒤 멸치액젓과 국간장으로 간을 했다.

더할 나위 없이 단순한 음식이지만 이렇게 단순한 재료로 만드는 음식일수록 맛을 내기는 더욱 어렵다. 여러 재료를 혼합해 만드는 음식은 어느 한 가지 재료가 조금 부족하더라도 다른 재료가 더해주고 안아주고 끌어당겨 부족함을 감싸주지만 미역국이나 콩나물국, 가쓰오부시(말린 가다랑어) 국물, 좁쌀죽 혹은 차와 같은 음식은 한 가지 재료, 하나의 공정이라도 빼먹거나 서툴렀다가는 금세 태가 나고 맛없는 음식이 되고 만다.

미역국의 경우 멸치와 미역, 간장, 멸치액젓을 선별할 줄 알아야 하고 이것들의 비율과 물의 양, 끓이는 시간을 가늠할 줄 알아야 한다. 좋지 않은 멸치와 미역이라도 좋은 맛으로 바꿔낼 수 있는 지식이 있어야 하고 간장과 멸치액젓을 군내 나지 않게 보관하는 방법도 알고 있어야 한다.

끓인 미역국을 그릇에 담아 맛을 보았다. 미역은 부드럽게 익었고 국물은 구수한 멸치 맛과 신선한 미역 향, 청정한 멸치액젓의 맛과 떡에서 우러난 쌀뜨물의 부드러움이 어우러져 태어난 지 얼마 안 된 어린아이의 침과 같은 맛이 났다.

그렇게 미역국을 끓여놓고 어미에게 전화를 걸었다. 어미는 손녀 돌상을 봐주러 서울로 가는 버스에 있노라고 말했다.

끓인 미역국을 그릇에 담아 맛을 보았다. 미역은 부드럽게 익었고

물은 구수한 멸치 맛과 신선한 미역 향, 청정한

멸치액젓의 맛과 떡에서 우러난 쌀뜨물의 부드러움이 어우러져

태어난 지 얼마 안 된 어린아이의 침과 같은 맛이 났다.

미역국의 기적

"당신보다 큰 자식 낳고 키우느라 여태 고생 많으셨소."

이맘때면 매년 하는 인사말이지만 같은 말에 묻어간 마음은 매년 조금씩 달라진다.

"그려, 자식이 어미보담 커야지. 밥은 먹었냐?"

"이제 막 미역국 끓여놓고 전화하는 참이오. 밥은 자시고 올라가오?"

때가 되면 하는 짓이다. 배꼽 달고 세상에 나왔으니 1년에 한 번은 이 짓을 한다. 식구가 일곱이던 시절에 어미는 네 자식과 지아비, 시어미 그리고 본인의 생일 아침이면 어김없이 미역국을 끓이고 찰밥을 지어 밥상에 올렸다. 아비와 할머니의 생일상에는 좀더 다양한 음식이 오르긴 했어도 미역국과 찰밥이 빠지지는 않았다. 그렇게 클 놈들은 크고 죽을 사람은 죽고 나자 자연스럽게 미역국과 찰밥이 밥상 위에 오르는 날은 줄어들었고 이제는 일부러 그날을 기억하려 애쓰지도 않는 눈치다. 제 밥 찾아먹을 만큼 키워놓았으니 그만하면 된 것이다.

"누나들이랑 형 생일은 다 잊어먹고 지나가버렸는디 애기 돌 때가 니 생일이드라…."

생일을 며칠 앞두고 프라이드치킨 한 마리를 손에 들고 시골집에 갔더니 어미가 하는 말이었다. 특별한 일이 없다면 생일 아침에는 어미에게 찾아가 밥을 지어달라 청해왔는데 올해는 작년에 태어난 조카 돌잔치와 겹쳐 찾아와도 밥을 지어줄 수 없다는 말을 이렇게 에둘러 하는 것이었다.

"그래서 미리 온 것 아뇨. 그날은 내 알아서 미역국 끓여 먹을 테니 오늘은 다구새끼나 나눠 먹읍시다."

그럼에도 생일상 봐주지 못할 것이 마음에 걸렸던지 주방으로 나가 얼마간 달그락거려서는 팥국수 한그릇과 동치미를 들고 방으로 들어왔다. 지난가을에 거둬들인 팥 중에 잘나고 예쁜 것들은 동짓날을 전후해 장에 내다 팔고 못난 것들을 모아 팥국물을 냈는데 그 맛이 시장에서 사먹는 것과는 비교할 수 없이 진하고 구수한 데다 부드러웠다.

본디 팥국물이란 팥을 무르게 삶아 소쿠리에 놓고 짜내 거피를 걷어내야 부드러운데 이 일이 고되고 귀찮다보니 대량으로 만들 때는 분쇄기에 넣고 가는 것이 일반적이다. 그리하면 일은 수월할지 몰라도 거피가 가루로 남아 먹고 나면 입안이 텁텁해져 뒷맛이 좋지 않다. 분쇄기가 없는 어미는 팥을 쥐어 짜느라 얼마간 고생은 하였을지 몰라도 그 맛은 근래 찾아보기 드문 옛 맛 그대로였다. 거기에 더해진 시원한 동치미 한 대접이면 미역국과 찰밥이 뭐 대수겠는가. 암만.

아마도, 단 한 번도, 이 세상에 태어난 것 자체를 진심으로 감사하게 여긴 적은 없었던 것 같다. 단지, 어쩔 수 없이 세상밖으로 밀어낸 자식 허투로 여기지 않고 먹이고 입히고 가르쳐 이렇게 꼴 지은 정성이 고마울 따름이었다. 하여 어미가 밥을 지어주지 못하더라도 내 손으로 맑고 순한 미역국 끓여 치성 드리듯 내 입에 떠넣었던 것이다. 말하자면 정화수 같은 것이다. 첫새벽 신과 대면하기 위해 정화수 떠놓고 외로운 시간으로 발을 들이듯 나라는 존재의 시작과 대면하기 위해 맑은 미역국을 끓여 내 입에 떠넣었다.

단독자의 입장에서 보자면 세상에 태어남은 타인으로부터 축하받을 만한 일이 아니다. 지난 크리스마스에 친구는 "예수의 탄생은 축하할 만한 일이 아니다"라고 말했다. 예수는 인간이 겪고 있는 모든 고통을 떠안기 위해 지상에 내려온 것인데 어찌 그 숙명의 시작을 축하할 수 있느냐는 것이다. 따라서 크리스마스는 예수의 가르침에 감사하고 그가 대신 떠안고 감내했던 고통에 대해 미안한 마음을 가져야 하는 날이어야 한다고 말했다.

친구의 말처럼 예수의 탄생은 감사하고 미안하게 여길 만한 이유가 분명하지만 단독자인 나는 내 자신의 고통을 감내하는 것만으로도 힘겨우므로 축하받을 이유가 없고 누군가가 감사해하거나 미안해할 이유도 없다. 앞서 말했듯이 어미는 '제 밥 찾아먹을 만큼' 키우는 것으로 분신의 자립을 위해 인고의 세월을 보냈으므로 감사하거나 미안해할 사람은 오히려 나이고 두 사람(어미와 나) 사이에서만 생일은 의미를 갖는다.

그럼에도 불구하고, 내가 느끼는 고통을 본인의 고통으로 받아들이는, 나와 다른 단독자를 만나게 되는 기적과도 같은 일이 벌어졌을 때 생일은 다른 의미가 된다. 그럼으로써 나는 단독자가 아니게 된다. 나는 그녀에게 말한다. 사랑한다고. 태어나줘서 고맙다고. 그녀도 나에게 똑같이 말한다. 사랑한다고. 태어나줘서 고맙다고. 의미를 구체화하는 방법은 어떤 것이어도 상관없다. 두 사람만이 알 수 있는 방법이라면 찰밥에 미역국이건 팥죽에 동치미건 무슨 상관이랴. 손을 잡고 약속한 길을 걸을 수도 있고 홀딱 벗고 춤을 추어도 상관없다. 지난해에는 정성 들여 만든 약식을 나눠 먹었고 올해는 그녀가 빚어온 만두를 나눠 먹었다.

"고맙다! 드럽게 외로운 세상에 니가 있어줘서 나는 살겠다! 니가 있어서 내가 살겠으니 너의 생일은 나에게 축복이다. 니가 고통받아 사라지면 나는 살 수 없으므로 니 고통을 내가 대신 떠안을 테다!"

생은 미역국처럼 단순하지만 의미가 되기는 어렵다. 예수의 기적만큼이나 대단한 '그놈'과 '그년'의 기적이 필요하다.

미역국의 기적

부끄러움을 가르칩니다

몇년간 등하교 시간에 오가던 길가에 서 있던 낡고 오래된 빨간 벽돌집이었다. 백 년을 오간다 해도 눈여겨볼 이유가 전혀 없을 그런 집이었다. 몇년을 오갔는데도 나는 그날 처음으로 그 집이 그 자리에 서 있다는 사실을 발견했다. 비가 많이 내리던 여름날 아침, 빨간 벽돌 한쪽 모서리 부분이 무너져내려 집안이 훤히 들여다보였다. 허물어진 벽 안쪽에는 사람들이 살고있었던 모양이다. 아마도 무너지기 직전까지 한 가족이 그 안에서 밥을 먹고 TV를 보고 잠잤을 것이다. 전날 밤 덮고 누웠을 법한 이불이 비에 젖어 있었고 무너져내린 벽에 닿아 있었을 옷장이 뒤집어지며 쏟아낸 옷가지가 알록달록 누추하게 나뒹굴고 있었다. 김치통이었는지 무엇이었는지 음식물이 쏟아져 게워낸 토사물처럼 질퍼덕거렸다.

누추한 개인의 내면이, 떳떳하진 않지만 그렇다고 부끄러울 것도 없을 살림살이가, 삶이, 난폭한 재난 앞에 무차별하게 공개돼 이 세계에 전시되었다. 내 일이 아님에도 부끄러워 얼굴이 달아올랐다. 부끄러움이란 말을 떠올리면 지금도 여지없이 그 광경이 머리를 스치고 지나간다. 얼굴이 달아오른다. 집이란 것이, 집을 이루는 벽과 지붕이란 것이 육체의 안전만을 보장하는 것이 아니라 내면의 누추함과 부끄러움이 흐트러지지 않도록 가라앉혀주는 항아리와 같은 역할까지 하고 있다는 것을, 무너져내린 빨간 벽돌 안쪽을 들여다보며 생각했었다.

나는 내가 가진 물건 간수를 못하는 사람이다. 몸에 지닌 무엇을 잘 잃어먹거나 땅에 떨어뜨린다. 주머니에서 뭐가 빠져도 잘 알지 못하고 버스나 기차에 모자, 우산, 지갑, 전화기 따위를 놓고 내리는 경우가 다반사다. 어미에게 늘 꾸중을 들으며 자랐어도 여전히 주의력이 없는 걸 보면 그냥 그렇게 생겨먹은 거다. 그래서 뭘 잃어먹거나 있던 것이 사라져도 그러려니 하는 편이다.

그런데 이상하게도 옷만큼은 그러려니 해지지 않는다. 내가 입고 걸쳤던 옷이나 목도리가 나도 모르는 사이 내 몸에서 떨어져나가 길바닥에 나뒹굴고 있는 모습을 보면 벌거벗은 듯 부끄러운 마음으로 그것을 집어든다. 흙밭에 뒹굴어도 입고 있던 옷은 툭툭 먼지를 털어내거나 대충 침 발라 닦고는 신경도 쓰지 않으면서, 내 몸에서 분리된 옷이 제 마음대로 길바닥을 나뒹구는 꼴을 보면 어쩜 그리도 천해 보이고 부끄러워 얼굴이 화끈거리는 것일까.

음식을 만들어 사람들에게 먹이는 일을 업으로 삼은 나는 아주 오래전부터 이런 의문을 품게 되었다. 몇시간 동안 혹은 며칠 동안 내가 할 수 있는 최선을 다해 만들어 정성 들여 그릇에 담아낸 음식을 긍정적 에너지의 결정체처럼 여기다가도 대략 30여 분이 지나 먹고 남겨진 음식을 대할 때는 그보다 더 천한 것이 없다는 듯 뭉뚱그려 쓰레기통에 쏟아넣고 뚜껑을 덮어버린다. 그 모든 재료를 손으로 만져 다듬고 썰고 볶고 끓이고 튀겼음에도 불구하고 음식물 쓰레기가 손에 닿는 것을 불쾌하게 생각한다. 30분 전까지는 위생적으로 완벽하다고 자부한 음식이 30분 만에 매우 비위생적이고 세균이 들끓는 상태로 부패했단 말인가?

성(性)을 대하는 태도에 대한 의문도 크게 다르지 않다. 성은 가장 아름다운 인간의 행위였다가도 여차하면 가장 천박한 욕지거리의 주요 테마가 된다. 성행위는 더럽고 깨끗한 것과는 별개의 것임에도 불구하고 더럽기도 했다가 깨끗한 것이 되기도 한다.

무너져내린 집과 땅에 떨어진 옷, 먹고 남긴 음식 그리고 섹스를 대하는 태도는 매우 닮아 있다. 신성하게 여겨지기까지 하던 소중한 대상이 훼손되었을 때는 평범한 것이 훼손되었을 때보다 훨씬 더 무가치한 것으로 가혹하게 전락시키거나 더 나아가 혐오의 대상으로 낙인 찍어 가차없이 쓰레기통에 집어넣는다. 이러한 모순적 행위는 성에 대한 순결주의로부터 시작되었을 것이다. 순결주의는 위생학이 태동하기 이전 인민의 자유로운 사고와 행위를 가로막는 통치술로 활용되었다. 오랜 시간 인민에게 각인된 순결주의가 근대에 이르러 위생학과 결합하자 그때까지 소중한 가치로 여겨져온 의식주까지 영역을 확장시켜 위와 같은 편견과 내면의 부끄러움을 만들어낸 것이다.

그 결합의 과정에는 교육이 있고, 국가가 있고, 종교가 있고, 기업이 있고, 자본이 있고, 권력이 있다. 여기서 말하는 부끄러움은 박완서 선생이 「부끄러움을 가르칩니다」에서 가르치려던 부끄러움과는 정반대에 있는, '부끄러움의 알맹이는 퇴화하고 겉껍질만이 포즈로 잔존'한 학습된 예의, 규범, 도덕 따위의 것들이다. 마치 '신자유주의'라는 당대의 사조가 '자유'라는 언어를 욕보여 뒤집어쓰고 스스로를 자유라 말하는 것처럼 가증스럽다.

국가는, 종교는, 기업은, 자본은, 권력은 그렇게 가증스럽게 순결을 교육한다. 깨끗함을 교육하고, 더러움을 명시하고, 명시된 더러움을 비난하고, 명시된 더러움에 손가락질하도록 독려하고, 스스로 더러워지는 것을 부끄럽게 여기도록 다독여 부끄러움에 대한 자기검열을 실시하도록 인도한다.

그럼에도 불구하고 아직까지도 나는 조금 전까지 내 몸에 걸치고 있던 옷이 땅에 떨어졌다는 이유로 부끄럽게 여겨야 할 이유를 알지 못하겠다. 최선을 다해 만든 음식이 타인의 입을 거치고 돌아왔다는 이유로 불쾌한 대상이 되어버리는 이유도 알지 못하겠다. 이러한 태도가 얼마나 역설적인지 알고 있으면서도 정작 그 이유를 알지 못한 채 부끄럽거나 불쾌하게 여기며 살아가는 나 자신이 매우 부끄럽다. 이러한 부끄러움과 부끄러움의 알맹이는 퇴화하고 겉껍질만이 포즈로 잔존한 부끄러움까지도 가라앉히고 보호해줄 단단한 빨간 벽돌집을 갖게 될 기회가 나에게도 주어질는지.

아아, 그것은 부끄러움이었다. 그 느낌은 고통스럽게 왔다. 전신이 마비됐던 환자가 어떤 신비한 자극에 의해 감각이 되돌아오는 일이 있다면, 필시 이렇게 고통스럽게 돌아오리라. 그리고 이렇게 환희롭게. 나는 내 부끄러움의 통증을 감수했고, 자랑을 느꼈다.

나는 마치 내 내부에 불이 켜진 듯이 온몸이 붉게 뜨겁게 달아오르는 걸 느꼈다.

　내 주위에는 많은 학생들이 출렁이고 그들은 학교에서 배운 것만으론 모자라 ××학원, ○○학관, △△학원 등에서의 별의별 지식을 다 배웠을 거다. 그러나 아무도 부끄러움은 안 가르쳤을 거다.

　나는 각종 학원의 아크릴 간판의 밀림 사이에 '부끄러움을 가르칩니다' '부끄러움을 가르칩니다'라는 깃발을 펄러덩펄러덩 휙휙 휘날리고 싶다. 아니, 굳이 깃발이 아니라도 좋다. 조그만 손수건이라도 팔랑팔랑 날려야 할 것 같다. '부끄러움을 가르칩니다' '부끄러움을 가르칩니다'라고. 아아, 꼭 그래야 할 것 같다. 모처럼 돌아온 내 부끄러움이 나만의 것이어서는 안 될 것 같다.

—박완서, 「부끄러움을 가르칩니다」 중에서

　커다란 욕조를 집 안에 들여놓는다. 욕조가 아니더라도 두 사람이 들어앉을 수 있을 만한 크기의 빨간 다라이라도 상관없다. 장을 본다. 아주 많은 양의 장을 봐야 한다. 그녀가 좋아하는 두부 두 판을 사고 달걀도 두 판 산다. 청포묵은 한 판이면 되겠다. 시금치 한 박스, 큼지막한 무 서너 개, 콩나물 한 시루, 고사리 한 관, 도라지도 한 관, 표고버섯 한 박스, 김 한 톳, 고추장, 들기름, 참깨. 거기에 만두 대여섯 판과 프라이드치킨, 족발까지 사들고 집으로 들어와 옷을 벗는다. 아주 홀딱 벗는다.

　그녀와 나는 홀딱 벗은 채 최선을 다해 두부를 지지고, 달걀

지단을 부치고, 시금치나물, 무나물, 콩나물, 고사리나물, 도라지나물, 표고버섯나물을 무쳐 욕조에 쏟아붓는다. 밥은 한 가마니 정도 지어야 하려나… 지은 밥도 욕조에 담는다. 묵도 썰어넣고 만두, 프라이드치킨, 족발도 모두 욕조에 쏟아넣은 뒤 욕조 안으로 들어가 앉는다. 따뜻한 물에 몸을 담그듯 비빔밥 안으로 들어가 밥을 비빈다. 김가루를 꽃가루처럼 흩뿌리고 손과 발을 휘저어 밥을 비빈다. 서로의 몸에 들기름을 발라주고 문대고 핥고 빨며 밥을 비빈다. 비빈 밥을 먹고 입고 덮고 그 안에서 끌어안고 섹스를 하고 잠을 자더라도 부끄럽거나 더럽게 여기지 않을, 손가락질에 무너져내리지 않을, 빨간 벽돌집이 있기를 바란다.

부끄러울 것도 없을 살림살이가, 삶이,

난폭한 재난 앞에 무차별하게 공개돼

이 세계에 전시되었다.

그리고 기다릴 것이다

냉장고가 없으면 뭐든 말리고 절여야 보관할 수 있다. 그때그때 계절에 맞춰 얻을 수 있는 채소, 과일, 물고기, 고기만 가지고도 얼마간 살아갈 수 있을 테지만 이 나라는 비 오고 눈 내리고 바람 불고 추워지면 땅은 씨앗을 감추고 바다는 파도를 일으키고 짐승들은 눈에 띄지 않는 곳으로 숨어버린다. 밖에서 먹을 것을 구할 수 없다.

　그래서 이 땅에 살았던 사람들은 봄부터 가을까지 먹고 남은 것을 볕에 널어 말리고 소금·간장·된장·고추장 등에 절여 겨우내 먹고 이듬해, 그 이듬해 봄까지도 필요할 때마다 꺼내 먹었다. 이렇게 저장하는 방법 중 가장 손쉽고 실패할 확률이 낮은 것이 볕에 말리는 것이다. 생선과 고기 말린 것은 포(胞)라 하고 나물 말린 것은 진채(陣菜)라 하는데 일반적으로 묵나물 또는 묵은 나물이라 한다.

이렇게 말리는 이유야 두말할 나위 없이 오랫동안 두고 먹기 위한 것이지만 묵혀 오래된 것이 더욱 맛있어지기도 하고 생것에는 독이 있어 먹지 못하지만 말린 것을 조리하면 먹을 수 있는 것들도 있으니 보관만이 목적이라 할 수 없다.

가령 우리가 흔히 먹는 토란대는 껍질을 벗겨 말린 것을 다시 물에 불리고 삶아 사나흘 물을 갈아주며 담가둬야 먹을 수 있다. 생것을 데쳐 곧장 먹으면 목이 따끔거리고 심한 경우 식도가 마비되기도 한다. 고사리는 새순을 그대로 조리하면 미끈거리는 점액질이 많아 먹기 사납고 너무 연해 씹는 맛을 느낄 수 없다. 끓는 물에 데친 고사리를 볕에 말리고 다시 물에 불려 삶아 맑은 물로 씻어내야 미끈거리는 점액질도 사라지고 쫄깃한 식감과 구수한 맛이 난다. 무청 시래기는 푸른 것보다 한겨울 바람 맞아가며 말라비틀어진 것을 물에 불리고 삶은 것이라야 풋내 없이 구수하고, 표고버섯은 말려야만 맛을 내는 구아닐산과 글루탐산, 향을 내는 레티오닌이 생성돼 맛과 향이 좋아진다. 어디 묵나물만 그러할까. 강원도 진부령에서 눈과 비바람을 맞아가며 누르스름하게 익은 황태. 그것을 어디 바짝

마른 명태 한마리의 허울이라 폄훼할 수 있단 말인가. 곤룡포 입은 자도 황태포 맑은 국에 울고 웃었으리라.

말리고, 절이고, 숙성시키고, 발효시킨 음식이 한국처럼 많은 나라도 없다. 이러한 일련의 과정은 결국 기다림인데 기다리면 특별한 맛을 찾을 수 있다는 것을 이 땅에 살았던 사람들은 알고 있었다. 달리 보자면 느긋함에 있어서 타의 추종을 불허하던 사람들이 모여 살던 나라였는데 어쩌다 빠른 것이 미덕인 나라가 되었는지 모를 일이다.

장과 젓갈은 담그고 숙성, 발효시켜 완성하는 데 1년을 넘기는 것이 예삿일이다. 술을 제외하면 만드는 데 1년 이상 기다려야 하는 음식은 이 세상에 흔치 않다. 게다가 어디 이제 막 담근 1년 미만의 장을 장으로 쳐주기나 하던가. 맛있다 소리 나오려면 3년은 묵혀야 제맛이 난다고 입버릇처럼 말하지 않던가.

껍질 벗긴 채소를 볕에 말리고, 말린 것을 다시 물에 불리고, 불린 것을 삶고, 삶은 것을 물을 갈아주며 사나흘 우려 그것으로 음식을 만들어 먹는 사람들은 한국사람 말고는 없을 것이다. 무슨 대단한 보양식이라고, 해삼·전복도 아닌 것을, 널리고 널린 푸른나물, 열매, 뿌리 다 놔두고 미쳤다고 그 정성을 들여 만들어 먹는다는 것이 겨우 토란대들깨탕이냐고 기가 차서 물을 테지만 우리는 그러한 수고로움과 기다림을 대수롭지 않게 여기며 구수한 토란대들깨탕 한 숟가락을 입안에 떠넣는다.

그렇다고 토란대들깨탕을 보이차처럼 귀하게 여기는 것도 아니고, 실론티처럼 역사의 산물이라 포장하지도 않고, 일본의 다시물처럼 시간이 우려낸 맛이라는 둥 어쩐다는 둥 호들갑을 떨지도 않는다. 그저 토란대들깨탕 정도는 밥상머리 한 귀퉁이를 차지하는 반찬 나부랭이에 불과한 것으로 여길 뿐이다. 왜냐하면 밥상 위에는 그보다 더했으면 더했지 덜하지 않을 시간과 정성이 담긴 된장찌개와 김치, 장아찌, 묵나물이 놓여 있기 때문이다.

별것 아닌 한끼 식사, 찌개백반을 5분 만에 먹어치우고 '빨리빨리감옥'으로 달려가지만 아직까진 이런 밥상이어야 밥이라 생각하는 사람들이 이 땅에 모여 산다. 어쩌면 아직까지 우리 몸 안에는 기다림을 대수롭지 않게 여기는 DNA가 살아남아 있는 것인지도 모른다. 사회는 빠름을 미덕으로 삼았지만 그 안에서 살아가는 사람들은 느린 된장국과 묵나물이 절박해 신음하듯 밥을 밀어넣는 모습이 안쓰럽다.

설날 아침에는 가라앉은 공기가 차갑게 느껴지더니 오후 들어 일어선 바람 끝에는 훈풍이 달려왔다. 시절이야 어찌되었든 때가 되면 훈풍이 불고 그 바람을 타고 몰려온 구름은 봄비를 쏟고야 만다. 그 비에 냉이 성큼 일어설 테고 쑥 푸릇푸릇 돋아날 것이다.

나는 그 훈훈한 바람을 맞으며 매실나무 가지치기를 했다. 20여 년 동안 매년 가지치기를 해줬는데도 높이 자라 키가 머쓱한데 그 20년 사이 어미는 바싹 늙고 고부라져 고개 들고 매실 따기가 고역이란다. 그래서 어미의 손이 닿을 만한 가지만 남기고 매실나무 중허리를 댕강댕강 잘라냈다. 나무를 그리 잘라냈으니 올해 매실 농사는 글러버린 것인데 달리 생각하면 올해 열리는 매실은 크고 굵을 것이다. 그래서 올해 어미가 수확한 매실은 내가 모두 사들여 매실청을 담그고 그것으로 겨울에 고추장을 담가야겠다고 생각했다. 고추장이라는 하나의 음식은 매실나무 가지치기에서부터 시작한다.

그리고 기다릴 것이다

고추장이 익은 가을이 되면 감장아찌를 담가 익기를 기다릴 것이고,

간장이 익는 봄이 되면 봄나물 장아찌를 담가

익기를 기다릴 것이고, 된장이 익는 가을이 되면 서리 맞은

풋고추를 박아넣고 익기를 기다릴 것이다. 우리는 크고 작은 항아리가 모여

익어가길 기다리고 또 기다릴 것이다.

매화가 피고 매실이 열릴 무렵 고춧모를 심고, 매실이 익기를 기다려 수확하고, 수확한 매실을 커다란 항아리에 담아 매실청이 되기를 기다리고, 고추가 익기를 기다려 수확하고, 수확한 고추가 마르기를 기다려 고춧가루를 만들고, 메주콩을 심어 콩이 나길 기다리고, 콩을 말려 타작하고, 타작한 콩을 삶아 메주를 만들고, 메주에 곰팡이가 슬길 기다리고, 곰팡이 슨 메주를 씻고 쪼개 볕에 널어 말리고, 말린 메주를 빻아 메줏가루를 만들고, 잘 익은 매실청을 거르고, 보리의 싹을 틔워 엿기름을 만들고, 엿기름을 볕에 널어 마르길 기다리고, 마른 엿기름을 빻아 엿기름가루를 만들고, 물에 불린 엿기름가루를 걸러 엿을 끓이고, 그 엿에 메줏가루·고춧가루·매실청을 넣고 버무려 햇고추장 한 단지를 담가 해 잘드는 뒤란에 두고 또다시 1년을 기다릴 것이다.

고추장 단지 옆에선 간장 단지도 익어갈 것이다. 메주를 넉넉히 만들어 항아리에 가득 담고 그 안에 소금물과 붉은 고추, 숯을 담아 뚜껑을 덮을 것이다. 그리고 고추장이 익어가길 기다리며 간장이 익어가길 기다릴 것이다. 소금물에 메주가 우러나 청장이 되면 메주를 걸러 그것으로 된장을 담글 것이다. 고추장 단지와 간장 단지 옆에서 된장도 익어갈 것이다. 고추장이 익은 가을이 되면 감장아찌를 담가 익기를 기다릴 것이고, 간장이 익는 봄이 되면 봄나물 장아찌를 담가 익기를 기다릴 것이고, 된장이 익는 가을이 되면 서리 맞은 풋고추를 박아넣고 익기를 기다릴 것이다. 우리는 크고 작은 항아리가 모여 익어가길 기다리고 또 기다릴 것이다. 그렇게 기다린 것으로, 기다리는 사이 모아진 것으로 밥상을 차릴 것이다. 이렇게 차려진 보잘것없는 밥상이 또다른 기다림을 가능케 하는 힘이 되어줄 것이라고 그녀와 나는 믿는다.

맛의 스펙트럼

달콤한 음식을 먹을 때 '달다'고 느낀다면 그 단맛은 모두 같은 것일까? 가령, 설탕과 꿀 둘 다 달지만 설탕의 단맛과 꿀의 단맛은 다르다. 수박과 딸기의 단맛이 다르고 오이와 참외의 단맛도 다르다. 같은 참외라 하더라도 봄에 딴 것과 여름에 딴 것의 단맛이 다르고, 더욱 미세하게 맛을 구분하자면 언덕 위에서 충분한 햇빛을 받고 자란 참외와 언덕 아래서 해를 덜 받고 자란 참외의 단맛이 다르다. 잘 익은 된장을 '달다'고 말하는가 하면 굵게 여문 한여름의 소금에서 단맛을 찾아내기도 한다.

함께 일하는 친구에게 샐러드드레싱 만드는 방법을 알려주던 날이었다. 내가 만드는 샐러드드레싱의 맛은 시고, 달고, 아주 약간 짜며, 그보다 아주 약간 맵고, 쓰고, 떫다. 신맛과 단맛이 주를 이루지만 짜고 맵고 쓰고 떫은 맛이 없으면 시고 단 맛을 하나로 묶어줄 수 없다. 나는 친구에게 드레싱에 들어갈 재료를 하나씩 불러주었고 친구는 불러주는 재료를 믹서에 담아 넣으며 대화를 나눴다.

"우선 고수를 깨끗이 씻어서 담아. 고수는 세 줄기에서 네 줄기를 넣는데 뿌리까지 전부 넣어."

친구는 고수를 씻어 넣으며 구시렁거렸다.

"이렇게 지독한 냄새가 나는 풀을 처음부터 넣는단 말이지. 그것도 뿌리까지. 그런데도 드레싱에서 그런 맛이 난단 말이야?"

"시끄럽고, 하라는 대로 해봐. 맛은 그리 간단치 않으니까. 청양고추 네 개를 씻어서 그대로 넣어."

친구는 고개를 갸우뚱하며 고추를 믹서에 넣었다.

"우스터 두 스푼, 레몬즙 두 스푼, 타임 한 티스푼, 바질 한 티스푼, 마늘즙 한 티스푼, 무즙 한 티스푼, 배즙 한 티스푼, 양파즙 한 티스푼, 생강즙 한 티스푼, 그리고 진간장 두 스푼."

불러주는 재료를 믹서에 넣던 친구는 진간장에서 멈칫거렸다.

"진간장? 이런 조합에 진간장이 어울려?"

"나는 이 조합에선 진간장이 좋더라. 짠맛을 조금 더해주는 건데 진간장 냄새가 싫다면 소금을 넣어도 상관없어. 매운맛도 마찬가지야. 고추가 싫으면 와사비(고추냉이)나 겨자를 넣어도 좋고."

"흠… 진간장 두 스푼, 그리고?"

"홀그레인 머스터드 숟가락으로 가득 두 개!"

"겨자씨? 그 매콤한 겨자 말하는 거지? 고추가 들어갔는데 또 겨자?"

"고추하고 겨자는 매운맛이 다르잖아. 거기에 설탕 열다섯 스푼."

설탕도 마찬가지다. 백설탕과 흑설탕의 맛이 다르고 정제당과 함밀당의 맛이 다르다. 설탕이 싫다면 꿀을 넣어도 되고 맥아당을 넣어도 상관없다. 그렇게 믹서 3분의 1이 채워졌다.

"거기에 자몽주스 1리터를 부어."

"자몽주스? 전에는 오렌지주스를 넣었잖아."

"오렌지, 사과, 귤, 포도, 망고, 과채주스까지 시장에 나와 있는 건 다 넣어봤는데 자몽의 쌉쌀한 맛이 이 드레싱에 가장 잘 맞아."

친구는 자몽주스를 넣고 뚜껑을 덮은 뒤 작동 레버를 돌리고 나에게 다시 물었다.

맛은 달고 시고 짜고 쓰고 맵고 떫고 감칠맛까지 있다고 말하지만,

색을 일곱 가지로 구분할 수 없고 소리를 일곱 음으로 구분할 수 없는 것처럼

맛도 그렇게 단순하게 나눌 수 없다.

맛은 그림을 그리거나 음악을 연주하는 것과 다르지 않다.

"이렇게 많은 재료가 들어가야만 드레싱이 만들어지는 건 아니잖아. 몇가지는 빼도 되지 않아?"

물론 빼도 된다.

"우리가 사용하는 드레싱은 기본적으로 시고 단 맛이잖아. 신맛은 조금 있다 넣을 발사믹식초와 레몬즙, 자몽주스가 합해져서 내는 맛이고 단맛은 설탕과 자몽주스가 합해진 맛인데, 이렇게 네 가지 재료만 넣어 혼합하면 두 가지 맛을 연결해주는 끈이 없는 거야. 시고 단 맛이 따로 놀고 깊이도 없어. 그래서 몇가지 향신료를 첨가해 연결고리를 만든 거야."

드레싱이 시고 달아야 한다는 것은 전제이다. 고민은 시고 단 맛을 무엇으로 내느냐에서 시작된다. 신맛을 내는 재료는 무수히 많다. 가장 저렴한 사과식초에서부터 최고급 발사믹식초나 감식초까지 매우 다양한데 내가 선택한 재료는 양조식 발사믹식초다. 발사믹식초 중 저급에 속한다. 이 식초의 맛은 평범한 데다 부드럽게 혀를 휘감는 고급 발사믹식초의 맛은 찾아볼 수 없다. 그래서 레몬즙, 무즙, 생강즙, 배즙, 양파즙을 더해 식초가 갖지 못한 맛을 더했다.

설탕도 마찬가지다. 고급 설탕만 사용한다면 자몽주스를 더하지 않아도 될 테지만 백설탕은 깊은 맛이 없어 자몽주스를 더했다. 여기에 고수, 타임, 바질, 고추, 겨자 등을 더해 신맛과 단맛이 따로 놀지 않고 하나로 연결되도록 고리를 만든 것인데 이러한 고리가 시고 단 맛을 연결하는 동시에 확장시켜 지금까지 맛보지 못한 전혀 새로운 시고 단 맛을 만들어낸다.

고수가 싫다면 라임이나 레몬, 유자 껍질을 넣을 수도 있고 타임이나 바질은 반드시 들어가지 않아도 된다. 고추는 반드시 들어가지 않아도 되지만 약간의 매운맛은 혀를 자극해 다양한 맛을 풍부하게 느낄 수 있도록 돕는 역할을 하기 때문에 첨가한 것이다.

"재료가 곱게 갈아지면 발사믹식초 500ml, 올리브유를 더하면 완성이야."

사과와 귤은 시고 달아서 기본적으로 같은 맛이지만, 사과와 귤을 같은 것이라고 말하진 않는다. 모양이 다르고 식감이 다르고 시고 단 맛의 비율도 달라 사과가 귤이 될 수 없고 귤이 사과가 될 수 없다. 같은 하늘에서 떨어진 빗방울이라 할지라도 분수령을 타고 갈라진 물의 맛은 흐름 속에서 달라진다. 참나무숲을 흐른 물은 떫고, 소나무숲을 흐른 물은 달다. 철분이 많은 바위를 타고 흐른 물은 알싸하며 화강암을 타고 흐른 물은 맑디맑다.

맛은 달고 시고 짜고 쓰고 맵고 떫고 감칠맛까지 있다고 말하지만, 색을 일곱 가지로 구분할 수 없고 소리를 일곱 음으로 구분할 수 없는 것처럼 맛도 그렇게 단순하게 나눌 수 없다. 맛은 그림을 그리거나 음악을 연주하는 것과 다르지 않다. 물감·연필·크레파스·페인트와 같은 재료로 그림을 그리듯 다양한 재료로 그려지고, 다양한 악기로 협연하듯 연주된다. 맛은 빗소리나 바람소리처럼 너른 들과 숲에서 들려오기도 하고, 달그림자나 오로라, 은하수처럼 검은 하늘에 그려지기도 한다.

맛을 만들어내는 행위는 밤하늘의 달을 바라보며 달에 가는 꿈을 꾸는 것과 같은 것일지도 모른다. 우리는 학습을 통해 달이 어디에 있고, 지구와 얼마나 떨어져 있으며, 달의 구성 성분이 무엇인지, 중력이 어느 정도이고, 지구에 미치는 인력이 어느 정도인지, 달에 갈 수 있는 구체적인 방법이 무엇인지 알고 있음에도 불구하고 달을 바라보면 치즈라거나, 찐빵이라거나, 토끼라거나, 그녀의 어여쁜 눈썹이라거나, 늑대인간이라거나, 뱀파이어와 같은 것들을 떠올리고 상상한다. 달이 지구의 위성임을 명확히 알고 있으나 여전히 상상의 존재이고 꿈의 대상이다. 빨강은 오로지 하나의 빨강일 수 없고, '도'는 오로지 하나의 '도'일 수 없듯이 단맛은 육천오백칠십육만사천삼백구십억만 가지보다 더 많은 숫자로 나눌 수 있다. 상상한 맛을 그리고 연주해보자. 맛은 당신의 상상에서 비롯되고 완성된다.

행복하십니까

"행복하십니까?"

지난해 이맘때 한 남자에게서 전화 한통이 걸려왔다. 오전 10시 무렵이었으니 장사 준비하느라 정신없을 시간이었다.

"여기가 서울이라 전주까지 갈 수는 없고 궁금한 게 있어서 전화했소."

수화기 너머에서 들려오는 남자의 목소리는 카랑카랑한 늙은이의 것이었는데 화가 난 것인지 다급한 것인지 분간하긴 어려웠으나 나에게 호의적이진 않다는 것을 어감을 통해 짐작할 수 있었다.

"네, 어떤….'

"그래서 당신은 지금 행복하시오?"

'그래서'라니. 무엇을 전제하고 행복을 묻는 것이냐 되묻고
도 싶었지만 망설이지 않고 곧장 대답했다.

"네, 이만하면 행복합니다."

"행복하다고요? 지금 행복하단 말이죠?"

"네."

"그렇다면 할 말 없소."

남자는 그렇게 말하고 수화기를 내려놨다. 적의를 품은 천하
고 못난 질문임을 직감한 나는 그가 듣고 싶지 않을 만한 대답
으로 일갈했던 것이다. 그의 '행복'은 공격이었고, 나의 '행복'
은 방어였다. 수화기를 내려놓고 일이 손에 잡히지 않아 담배
를 피워 물었다. 분주하던 주방이 그대로 멈춰버렸다. 도마 위
엔 칼과 채소가 볼썽사납게 널브러져 있었고 밥솥은 비린 숨
을 토해내고 있었다.

'행복하냐고요? 당신의 질문을 받기 전까진 그랬었죠.'

몇개월이 지나 같은 질문을 다른 사람을 통해 전해들었다.
이번엔 20대 청년의 질문이었다. 수화기 너머의 목소리보다는
구체적인 질문이어서 방어적으로 대답할 것은 아니었지만 석
연치 않은 구석이 있어 질문에 답하지 않았다.

청년의 질문은 이런 것이었다. 사람들이 살아가는 일반적인

삶을 거부하고 자신이 살고 싶은 대로 사는 것이 행복하냐는 질문이었다. 청년이 생각하기에 보험도 들지 않고, 사랑하는 사람이 있음에도 결혼하지 않고, 하루도 마음 편히 쉴 수 없는 일을 하는데도 행복할 수 있느냐는 것이다.

나는 청년이 행복을 묻는 것이 아니라고 판단했다. 자신이 느끼는 불안을, 무리에서 벗어났을 때 느낀 불안을 '행복'이라는 질문으로 바꾼 것으로 받아들였다. 청년이 나에게 '그렇게 사는 것이 불안하지 않느냐'고 물었다면 '불안하지 않다'고 즉답할 수 있었을 테지만 '행복하냐'는 질문에는 답하고 싶지 않았고 답할 필요도 없을 것 같았다.

박경리 선생은 『토지』 1권 서문에서 이렇게 말한다.

사람들은 수월하게 행과 불행을 얘기한다. 어떤 사람은 나를 불행하다 하고 어떤 사람은 나를 행복하다 한다. 전자의 경우는 여자의 운명을 두고 한 말이겠고 후자의 경우는 명리(名利)를 두고 한 말이 아니었나 싶다. 혹은 잡사(雜事)에서 손을 떼고 일에 전념하는 것을 두고 한 말인지 모르겠다. 그들 각도에서 본 행, 불행에는 각기 타당성이 없는 것은 아니다. 그러나 때론 노여움을, 때론 모멸감을 느끼며 그런 말을 듣곤 한다. 애매모호하기 때문이다. 무궁무진한 인생의 심층을 상식으로 가려버리려는 짓이 비겁하기 때문이다. 그렇게 분류되는 불행, 그렇게 가치 지어지는 행복이라면 실상

그 어느 것과도 나와는 별 인연이 있을 성싶지 않았다.

행복은 도달한 어느 경지이거나 경지에 도달하기 위한 목적일 수 없다. 그대들의 상식으로 나의 행복을 판단할 수 없고 나의 상식으로 그대들의 불행을 예단할 수 없다.

어제까지 나는 매우 고통스러웠다. 목디스크가 재발해 서 있기도 힘겨운데 해야 할 일은 산더미처럼 쌓여 있고 주문 전화는 하루 종일 끊이지 않고 걸려왔다. 밥을 지어 사람들에게 먹이느라 내 입에 밥 넣을 시간도 없었다. 불어터진 짜장면과 라면으로 끼니를 때우고 한밤중 집안에 들어서자마자 쓰러져 잠들고 눈뜨자마자 일하며 다시 또 일주일을 보냈다.

오늘은 봄볕이 좋은 날이었다. 창으로 드는 밝은 빛에 눈이 부셔 잠에서 깨어났다. 창문을 활짝 열고 묵은 이불에 묻은 먼지를 털어내고 기름때 묻은 옷과 앞치마를 빨아 널었다. 청소기를 돌려 방에 쌓인 먼지를 훑어내고 물걸레로 방을 닦았다. 점심으로 국수 한그릇을 마시듯 먹고 낮잠을 잤다. 해질 무렵 깨어나 겉옷 하나를 껴입고 밖으로 나갔다. 귀에 이어폰을 꽂고 느릿느릿 걸었다. 레드 제플린의 「셀리브레이션 데이」(Celebration Day)를 시작으로 더 블랙 키스의 「론리 보이」(Lonely Boy), 레이디 가가의 「배드 로맨스」(Bad Romance) 따위의 노래

오늘 하루가 어땠냐고 묻는다면 이렇게 대답할 수는 있겠지만

행복했냐고 묻는다면 나는 기분이 몹시 상해버릴 것만 같다.

오늘 아침의 그 밝았던 봄볕을 떠올리지 못할 것도 같고

게으른 가장이 휴일에 할 일이란 낮잠뿐일지 모른다며

자조할는지도 모른다.

를 흥얼거리며 4km 정도를 걸어 종종 찾는 콩나물국밥집으로 갔다.

콩나물국밥을 먹는 무수히 많은 방법이 있을 테지만 나는 이렇다. 우선 국밥이 나오기 전에 밥 한 공기를 김에 싸서 먹는다. 국밥과 수란이 나오면 수란에 국밥, 국물, 콩나물을 담고 비벼 김을 싸서 먹는다. 그리고 나머지 국밥도 마찬가지로 김을 싸서 먹고 남은 국물을 마저 들이켠다. 5분이면 먹을 수 있다.

밥을 먹고 돌아오는 길엔 김두수의 앨범 「저녁강」과 아르보 파르트의 앨범 「알리나」(Alina)를 들었다. 집에 돌아와서는 비밀스럽게 인터넷창을 열고 오토바이 매매 사이트에 접속해 야마하 Vmax1200 혹은 혼다 X11처럼 올드한 네이키드 바이크를 살펴보며 언제였는지 기억도 가물가물한 10대 시절 꿈을 펼쳐보며 새삼 가슴이 부풀어오르기도 했다.

오늘 하루가 어땠냐고 묻는다면 이렇게 대답할 수는 있겠지만 행복했냐고 묻는다면 나는 기분이 몹시 상해버릴 것만 같다. 오늘 아침의 그 밝았던 봄볕을 떠올리지 못할 것도 같고 게으른 가장이 휴일에 할 일이란 낮잠뿐일지 모른다며 자조하는지도 모른다. 「론리 보이」를 들으며 춤추듯 걸었던 그 길이 초라하고 볼썽사나워 부끄러워질지도 모른다. 국밥을 먹는 방법이 혹여 잘못된 것은 아닐까 걱정스러워질지도 모르고, 레이디

가가는 삼촌 혼자 골방에 틀어박혀 비밀스럽게 즐기며 수음하는 음악으로 묻어둘지도 모른다. 오토바이는 또 어떻고. 열일곱 살 적 허세를 여전히 버리지 못하고 소망이랍시고 간직한, 철딱서니라고는 눈곱만큼도 들지 않은 삼촌의 민낯이 부끄러워 오늘 하루의 소소했던 행복들은 어른이 되기 위한 성장통으로 둔갑해버릴지도 모를 일이다.

행복하냐고? 당신이 그 질문을 던지지만 않는다면 조금 지치고 힘겨울지라도 나는 행복할 것이다. 아프고 배고프고 가난할 테지만 당신들이 분류하고 가치 지어준 행복과는 인연이 없는 그런 행복을 느끼며 하루하루를 살아갈 것이다.

일 잘하는 사내

나는 일을 참 잘한다. 일이라고 할 수 있는 것은 이 세상에 많고도 많을 테지만 일반적으로 일이라 하면 육체노동을 뜻하는 것일 게다. 다시 말해 몸으로 하는 일을 잘하는데, 달리 말하면 일만 잘하는 사람이기도 하다. 몸으로 하는 일 말고는 딱히 잘하는 것이 없다. 그녀의 표현을 빌리자면 19세기 이전을 살아가기에 최적화된 인물이지만 20세기 이후의 삶을 살아가기엔 고통스럽다는 뜻이다.

　박경리 선생의 시 「일 잘하는 사내」에서 선생은 이렇게 말한다.

다시 태어나면 무엇이 되고 싶은가

젊은 눈망울들 나를 바라보며 물었다.

다시 태어나면 일 잘하는 사내를 만나 깊고 깊은 산골에서

농사짓고 살고 싶다 내 대답

돌아가는 길에 그들은 울었다고 전해 들었다.

왜 울었을까

홀로 살다 홀로 남은 팔십 노구의 외로운 처지

그것이 안쓰러워 울었을까 저마다 맺힌 한이 있어 울었을까

아니야 아니야 그렇지 않을 거야 누구나 본질을 향한 회귀본능

누구나 순리에 대한 그리움 그것 때문에 울었을 거야

나 또한 마른 눈물을 찍어 책장을 넘겼는데 선생의 말대로 순리에 대한 그리움 그것 때문이었다. 다시 태어나지 않더라도 깊고 깊은 산골에서 농사지으며 살아가는 것이 나에게 가장 잘 어울리는 삶이라는 것을 잘 알고 있음에도 도시에서의 밥벌이를 끊지 못하고 끙끙거리며 하루하루를 살아가고 있으니 말이다.

처음 식당 문을 연 것은 2015년 3월이었다. 밥하는 재주만 있었지 금전적인 여유는 십원도 없었다. 그녀를 비롯한 주변 사람들의 도움으로 식당이랍시고 문을 열었지만 유지비용도

식재료를 구입할 자금도 없었다. 국자 하나, 물컵 하나, 간장 한 국자까지 모두 빚이었다. "Everything is all right"란 말을 매우 싫어하지만 다 잘 될 거야,라는 믿음 말고는 달리 방법이 없었다. 그렇게 버티고 버텨온 지 2년을 지나 3년째다. 1억만 벌면 깊고 깊은 산골에 땅을 사고 나머지 돈으로 집을 짓고 농사지으며 살겠다는 꿈으로 버텨왔지만 저축이 아니라 빚이 그 목표치에 다다르는 것은 참으로 아이러니한 일이 아닐 수 없다. 하루 평균 15시간, 많게는 20시간을 일하며 버텨온 시간이 3년차인데 왜 꿈은 그 시간만큼 멀어지는 것일까. 순리에 대한 그리움. 1년을 일하면 4년 후에 산으로 갈 수 있고, 2년을 일하면 3년 후에 산으로 갈 수 있는 것이 나에겐 순리인데 3년을 일했더니 앞으로 6년을 더 일해야 빚이라도 갚을 수 있겠다는 계산이 나온다. 그렇다면 적어도 10년은 일해야 산으로 갈 수 있단 말인가. 늙어 죽겠네.

김정훈이라는 친구가 있다. 20년을 보았으니 오래도 보았는데 앞으로 죽는 날까지 못 볼 것 만 같다. 정훈이는 지난 1월 프랑스로 떠났다. 확실히 프랑스인지 알 수 없지만 프랑스로 간다는 말을 남기고 종적을 감췄다.

정훈이는 부모 없이 개야도에 사는 할머니 할아버지 밑에서 자랐다. 어린 나이라지만 그 삶이 좋을 리 없었을 것이다. 고등학교를 중퇴하고 상경해 연극판에 뛰어들었다. 그때부터 혼자였다. 연극에 재능은 있었지만 연극도 가방끈이 길어야 한다는 걸 알고는 그것도 때려치우고 군산으로 내려와 나이트 디제이, 술집 딴따라, 나발선수로 전전하다 나를 만났다. 나는 정훈이가 디제이로 일하던 술집에서 술안주를 내주던 얼치기 주방장이었다. 초년부터 인생이 그렇게 꼬였다지만 독학으로 고등학교, 대학교 졸업장을 땄다.

술만 안 마시면 세상 이런 사람 없던 김정훈. 그렇게 살아내는 시간 동안 빚이 곱사등이로 쌓여갔다. 신용불량자 딱지가 덕지덕지 붙어 취직은 어불성설이었다. 세상은 나날이 변해만 가서 나이트 디제이도 사라지고 술집에서도 더이상 디제이를 구하지 않았고 나발도 오구리빵이 대신하는 시대로 변해가다 보니 정훈이를 찾는 곳은 없었다. 그래서 대학 졸업장을 따고는 과외를 시작했다. 아이들을 좋아하고 말재주가 좋아 금세 학생 수가 늘었다. 어깨에 눌러앉았던 빚이 차츰 줄어들 무렵 할머니가 돌아가시고 곧이어 할아버지가 돌아가셨다. 유일한 가족이 모두 사라져버렸다. 일이 하기 싫어졌다. 빚은 갚았지만 벌어놓은 돈은 없었다. 서류만 꾸며 위장취업을 했다. 취업한 지 6개월 후 은행에서 대출을 받기 시작했다. 제2금융권에서도 대출을 받았고 카드론을 비롯한 모든 가능한 돈을 긁어모았다. 그리고 떠났다. 가끔 신용카드회사에서 나에게 전화가 온다. 가족이 없어 신분을 보증할 사람이 필요하다고 할 때 내 전화번호를 알려줬기 때문이다. 정훈이가 돈을 긁어모아 떠났다는 것은 신용카드회사 직원들의 전언을 통해 알게 된 것이다.

어디서 무엇을 하고 있을까. 정말 프랑스로 떠났을까. 프랑스에서 그 돈이 다 떨어지면 아무도 찾을 수 없는 고비사막이나 시베리아벌판 같은 곳으로 숨어들어 남은 생을 자유롭게 살아갔으면 좋겠다. 유난히 눈을 좋아했으니 북극과 가까운 어딘가에서 아무도 모르게 살다가 아무도 모르게 죽었으면 좋겠다. 다시는 이 땅으로 돌아오지 않았으면 좋겠다. 살겠다고, 순리대로 살아보겠다고 발버둥치면 발버둥칠수록 죽는 날까지 숨통을 옥죄는 이 땅으로 다시는 돌아오지 않았으면 좋겠다. 멍청하게 일만 잘하는 친구의 바람이자 응원이다.

우리는 술은 아무것에나 먹고 취하기만 하면 그만이었지만 다음날 해장에는 남다른 코스가 있었다. 해장 1차는 뽀빠이냉면으로 시작했다. 군산에 아주 오래된 냉면집인데 이 집 냉면이 해장으로는 그만이다. 냉면을 먹고 나선 목욕탕에 들어가 술독을 빼고 딸기우유 하나씩을 나눠 마시곤 이성당 빵집으로 가 밀크쉐이크에 햄버거를 먹었다. 해장에는 이 조합이 최고다. 우리에겐 야채빵이나 팥빵보다 밀크쉐이크와 햄버거가 이성당의 마스터클래스다. 이성당에서 배를 채우고 나면 선창에 나가 어슬렁거리다 해가 뉘엿뉘엿 저물어들 때 즈음 일풍식당에 들어 물메기탕 한그릇 먹는 걸로 해장을 마쳤다. 사람을 그리워하는 것도 제각각인데 김정훈이란 이름을 떠올리면 뽀빠이냉면, 이성당의 밀크쉐이크와 햄버거, 일풍식당의 물메기탕 그리고 딸기우유가 떠오른다.

어디서 무엇을 하고 있을까. 정말 프랑스로 떠났을까.

프랑스에서 그 돈이 다 떨어지면 아무도 찾을 수 없는 고비사막이나 시베리아벌판 같은

곳으로 숨어들어 남은 생을 자유롭게 살아갔으면 좋겠다.

3부

어정칠월 건들팔월

서울발 지방통신

스무살 무렵 서울토박이 친구를 시골집에 데려갔다. 군산 시내에서 저녁 8시 버스를 타고 마을 입구에 들어서니 어둠이 내려앉았다. 친구는 긴장하고 있었다. 이토록 새카만 밤을 본 건 처음이라고. 논과 논 사이를 가로지르는 버스에서 바라본 들판은 가로등 불빛 하나 없는 암흑이었다. 들판 건너 점점이 흩어진 마을들의 가로등 불빛이 별빛처럼 느껴졌다.

"밤이 되면 이곳은 아무도 다닐 수 없는 거냐? 정말 아무것도 안 보인단 말이냐?"

"아무것도 보이지 않는다."

"저 멀리 불빛은 뭐냐?"

"이웃마을 가로등 불빛."

"이웃마을이 저렇게 멀리 떨어져 있는 거냐?"

"낮에 보면 별로 안 멀다."

내 눈엔 검게나마 논 가운데 서 있는 버드나무가 바람에 흔들리는 것도 보이고 강둑의 윤곽들도 선하게 보이는데….

"저기에 나무 한 그루 서 있는 게 안 보이냐?"

"안 보인다."

"저 멀리 밝은 것과 검은 것의 경계는?"

"그건 뭐냐. 보이기는 하는데 뭔진 모르겠다."

"강둑이다. 매일 여기서 살았으니 보일 건 다 보인다. 그러니 밤이라고 낮하고 다를 게 없다."

나는 아직도 서울에 가면 어지럽다. 평지에만 발을 디디고 살다 지하, 지상, 상공이 연결된 다리와 에스컬레이터, 통로를 오가다보면 이곳이 어딘가 헷갈린다. 해와 그림자, 먼 곳의 지표들을 좌표 삼아 방향을 짐작하며 살던 나는 표지판이 낯설다. 서울에 가면 글자를 유심히 살펴야 한다.

만약 서울 친구와 서울에 가서 이런 말을 늘어놨다면 그 친구도 나와 같은 말을 했을 것이다.

"매일 여기서 살았으니 보일 건 다 보인다. 그러니 밤이라고 낮하고 다를 게 없다."

서울발 지방통신

"매일 여기서 살았으니 보일 건 다 보인다. 그러니 지하와 지상이 다를 게 없다."

그래도 지금은 반대방향 전철은 타지 않는다. 처음 전철을 탈 땐 몇번을 그 짓을 했었다. 전철에 발을 들일 때 방향이 올바른지가 가장 큰 걱정이다. 지금도 전철에 오르자마자 출입문 위에 붙은 전철 노선과 다음 역의 이름을 확인한다.

"다음 역은 잠원…."

'잘 탔구나… 휴.'

다음날 친구는 이렇게 말했다.

"나는 이토록 한적한 시골을 참아내기가 힘들다. 나에겐 아늑하거나 평화롭게 느껴지지 않아. 적막하고 답답해서 죽을 지경이다. 너에게 이런 모습이 고향이라면 나에게 고향은 바겐세일 하는 백화점의 에스컬레이터에 가득 끼어 올라가는 사람들의 모습이나 등교시간 전철 안에 가득한 사람들의 모습이다. 그 안에 있을 때 나는 마음이 편안하고 아늑하다."

처음 도시를 키워내던 사람들의 심정은, 말 안 듣고 밤새 울어대고, 날이면 날마다 아프고, 칭얼대고, 다치고, 사고 치는 문제아를 키우는 심정이었을 것이다. 육체적으로 정신적으로 견디기 힘들었겠지만 다른 도리가 없었겠지. 그렇게 사람들은 도시를 키워냈고 이제 다 자란 도시는 사람을 키운다. 도시는 도시정착세대 이후 2세대, 3세대들의 아늑한 고향이 되었다.

조카가 초등학교에 들어가면서 할머니 집에 오는 걸 꺼린다. 벌레도 많고, 덥고, 춥고, 무엇보다 놀 게 없다. 들에 나가면 놀 게 천지라는 말은 조카에겐 개소리다. 도시에서 나름의 놀이를 찾았는데 들에는 그런 놀이가 없다.

혜화역에 내려 커다란 은행나무 아래 앉아 오가는 사람들을 구경했다. 사람 구경만한 게 없고 서울만큼 사람 구경하기 좋은 곳이 또 있던가. 캔맥주를 까마시면서 두세 시간 지나는 사람을 구경했다. 혜화동은 10여 년 전에도 젊은이들이 북적이더니 지금도 공연과 연극을 보려는 젊은이들로 북적거린다. 20년 전에도 혜화동은 젊은이들의 거리였겠지. 그러고보니 언젠가 강신주 선생이 오늘의 대학로에 대해 했던 말이 떠오른다. 지금 대학로는 젊은이들이 사라지고 자기 또래의 늙다리들만 득실거리는 거리가 되었노라고. 그 이유는 자신이 대학에 다니던 시절에나 젊은이들의 거리였지 이후 세대는 홍대, 신촌 등지로 옮겨갔고 지금 젊은이들은 강남으로 몰려갔으니 대학로는 더이상 젊은이의 거리가 아니라는 말이었다. 요새 자기 또래의 늙다리들이 대학로로 몰리는 이유는 이제는 늙어버린 20년 전 그날의 젊음을 추억하기 위함이라나. 따라서 홍대나 신촌도 앞으로 몇년 안에 늙다리들의 거리가 될 테고 강남도 십수년 후엔 그리 될 것이라며 비아냥인지 푸념인지 부동산투자자문인지 모를, 어쨌든 일리있는 말을 하긴 했지만 여전히 대학로에 젊은이들이 북적이는 걸 보면 선생의 말은 어느 정도 틀린 것으로 보인다. 20년 전의 젊은이들은 별로 눈에 띄지 않기 때문이다.

중학생들이 좋아하는 어느 연예인의 공연이 있나보다. 교복 입은 한 무리의 중딩들이 재잘재잘 까불까불 거리면서 신이 나서 극장 앞에 서 있다. 방학이고 광복절인데 저 교복을 벗어 던지고 싶지 않은 건가. 내 보기엔 왜 저러고 교복을 입고 있는 건지…

도시인들은 도시에서 여유로워 보인다. 대체 가능한 행복, 고향이 따로 있는 사람들이 아니다. 이곳이 고향이고 이곳에서 유년기를 보냈으니 이곳에 추억과 낭만이 있다.

다시 한번 '다 자란 도시는 사람을 키운다.'

힙합 가수 유엠씨유위(UMC/UW)는 서울에서 나고 자라 수많은 도시생활 방법들을 알고 있지만 한 가지 대처법은 도무지 알 수 없다고 한다.

'나도 모르게 저지르거나 당하는 지하철 성추행에 대한 대처법.'

팟캐스트 방송에서 우스운 사연을 소개하던 말미에 나온 말이다. 도시생활을 하려면 도시생활에 필요한 매뉴얼을 습득해야 하듯이 시골생활을 하려면 시골생활에 필요한 매뉴얼을 습득해야만 한다. 내가 느낀 차이점이라면 도시는 사람에 대한 대처가 일순위고 시골은 자연에 대한 대처가 일순위다. 이것은 현실이다. 도시인들이 개인주의적인가? 전혀 그렇지 않다고 생각한다. 이웃과 주위 사람들을 가장 많이 배려하는 사람들이 도시인이다. 그 배려에 지쳐 개인의 삶을 꿈꾸는 것으로 보인다. 들판에 서 있는데 무슨 이유로 이어폰을 귀에 꽂고 노래를 듣고 있겠나. 큰 소리로 노래를 부를 일이지… 제발 지하철을 타고 가는 지금 이 시간만이라도 나 개인으로 살아가게 해주소서. 그러나 그 순간도 남을 배려중이다. 모두들 귀에 이어폰을 꽂고 손에 폰을 들고 이웃을 배려하고 있다. 개인주의를 꿈꾸고 있을 뿐이다. 아이에게 방에서 왜 뛰지 말라고 하는가? 아래층 사람에 대한 배려. 현실적인 여러 이율배반적인 문제들이 있어서 나와 가족의 안위를 위한 행위처럼 보이지만 도시 안에서 함께 살아가기 위한 배려행위임을 부정할 수는 없다.

반면 시골 사람들이 이타적이고 공리주의적인가? 전혀 그렇지 않다. 매우 개인주의적인 삶을 살아간다. 대처 일순위는 사람이 아니라 자연이다. 잘 부르건 못 부르건 논과 밭에서 흥얼대고 소리지르고 노래 부른다. 논과 밭에서 하고 있는 행위는 풀을 매고 물꼬를 트고 벌레를 잡는 일이다. 이것이 일차적인 현실이다. 나와 다른 사람과의 관계에서 비롯된 것이 아니다. 그러니 생각이나 행동은 내 맘대로다. 이웃에 대한 대처법이 타이트하지 않다. 설렁설렁. 그러니 멀리서 봤을 때 이타적

반면 시골 사람들이 이타적이고 공리주의적인가?

전혀 그렇지 않다. 매우 개인주의적인 삶을 살아간다. 대처 일순위는 사람이

아니라 자연이다. 잘 부르건 못 부르건 논과 밭에서

홍얼대고 소리지르고 노래 부른다.

이고 여유로워 보인다.

  귀농한 사람들의 말을 들어보면 백이면 백 이웃과의 관계에서 낯선 경험을 하게 될 것이라고 경고한다. 삶 자체가 개인주의적이고 때때로 극도로 폐쇄적이기 때문에 서로간의 배려가 생활이었던 도시인들에겐 차가운 냉대로 느껴질 수 있는 것이다.

  게이 친구가 한 명 있다. 서울에서 직장을 잡고 살아가면서 삶이 안정되어가는 것처럼 보인다. 서울에 사는 것이 좋으냐고 물었다.

  "서울에 사는 것이 좋다. 적당히 배려하고 적당히 신경쓰면 상대도 적당히 배려하고 적당히 신경쓴다. 나를 더이상 알려고 하지 않고 알아도 모른 척하거나 적당히 그런 사람으로 여긴다. 배려일 수도 있고 무심함일 수도 있지만 지방처럼 배척하거나 경멸하진 않으니 나에겐 좋은 일이다. 무엇보다 이반(동성애자)들끼리 연대가 잘 되어 있다. 내 엄마도 있고 내가 엄마이기도 하다. 내가 힘들 때 엄마를 찾아가고 내 아이도 힘들 때 나를 찾아오기 쉽다. 이태원이나 합정 근처엔 우리가 생활할 수 있는 클럽이나 사우나가 따로 있다. 합법적이지 않지만 암묵적으로 서울 사람들은 다들 알고 있다. 그걸 대중적으로 인정해주는 분위기다. 회사에서도 나를 이반으로 알고 있지만 날

따돌리는 일이 없고 그 사실 때문에 승진에 걸림돌이 되진 않는다. 지방에선 있을 수 없는 일이다. 지방에서 이걸 알았다면 당장 모가지."

언젠가 게이 친구와 새벽까지 술 마시고 헤어져 인근 사우나로 잠을 자러 갔었다. 샤워를 하고 사우나 옷으로 갈아입고 수면실에서 잠을 자는데 언놈이 나를 만진다. 뭘까 하고 잠이 깨 실눈을 뜨고 봤더니 코 바로 앞에 언놈이 홀딱 벗고 나를 만진다.

'고놈 참. 내 어디가 너를 그토록 꼴리게 한단 말이냐.'

그의 귀에 대고 작게 속삭였다.

"사람 잘못 찾았어."

그러고 일어나 자리를 옮겨 잠을 청하는데 고놈이 또 내 옆에 붙었다. 보통 사람들이라면 성추행이라고 소리를 고래고래 질렀을까? 난 안타까운 마음이 들더라. 그의 어깨를 잡고 조용히 속삭였다.

"나… 여자 좋아해요. 이러지 마. 다른 사람 찾아보라구."

그러곤 2층 침대로 올라갔다. 여기면 쫓아오진 않겠지. 그랬는데도 이놈이 내 옆칸 2층으로 올라와서 똘망똘망한 눈으로 나를 바라본다.

'아… 씨바. 목욕탕에서 꼴린 자지 보기 참 그렇네.'

털고 일어나 샤워하고 사우나를 빠져나오니 아침이었다. 게

이 친구에게 바로 전화를 했다.

　이런저런 일이 있었다. 씨바 이건 뭐냐 물었더니 게이 친구,
박장대소를 하며 크게 웃었다. 어느 사우나냐고 묻길래 무슨무
슨 사우나라고 했더니 숨넘어가는 목소리로,

　"거긴 이반 전용이야!!!"

　나는 서울살이 매뉴얼을 전혀 모른다.

단무지

1920년. 후지이 간타로(藤井寬太郎)가 운영하는 불이흥업주식회사(不二興業株式會社)는 옥구군 일대 간석지 2479만3388m²의 둘레에 방조제를 쌓아 간척지를 조성했다. 현재의 지명으로 말하자면 군산시 소룡동에 위치한 월명산 끝자락에서부터 옥서면 옥봉리 내성산을 돌아 옥서면 선연리 하제(난산)를 연결하고, 하제에서부터 영병산 끝자락에 위치한 어은리까지 제방을 쌓아 간척지를 조성한 것이다. 이렇게 만들어진 땅을 '불이간척지'라 한다.

간척지 조성사업을 위해 3천여 명의 인부가 동원되었는데 대부분 일본인에게 땅을 빼앗긴 조선인 농민과 소작농이었다. 불이흥업주식회사는 인부들에게 간척사업이 끝난 후 간척농지에 대한 영구 소작권 보장과 소작료 3년 면제, 간척공사 임금 지급을 약속했지만, 완공 후 약속은 지켜지지 않았다. 대신 일본 현지인들이 대거 이주해 간척지를 불하받고 '불이농촌'을 형성했다. 간척지 공사에 동원됐던 조선인들은 이주민의 소작농으로 전락하고 말았다(『한국향토문화전자대전』, 한국학중앙연구원, 작성자 원봉연 참조).

얼마 전 어미는 맛이나 보라며 단무지 몇개를 내주었다. 지난겨울 김장하고 남은 못난 무를 버리기 아까워 단무지로 담갔는데 그럭저럭 맛이 들어 먹을 만하다는 것이었다. 단무지가 담긴 검정 비닐봉지를 열었더니 쿰쿰한 냄새가 물씬 풍겨나는 그 단무지가 분명했다.

1938년.

불이간척지 조성사업이 성공하자 간척지의 끝점인 어은리 영병산에서부터 회현면 월연리에 위치한 월하산까지 또다시 제방을 쌓아 간척지를 조성했다. 이 사업에도 수천명의 조선인 인부가 동원되었는데 대가는 군역 면제였다. 불이간척지를 조성할 때처럼 거짓말을 한 것은 아니었지만 노골적인 협박이나 다름없었다. 전쟁터에 나가 개죽음 당하기 싫으면 돌을 지어 나르라는 것이었다.

단무지

이 사업에 많은 수의 친가와 외가 사람들이 동원되었다. 이제는 돌아가시고 없는 작은할아버지는 열여섯살에 간척사업에 동원돼 제방을 쌓고 군역을 면제받았다. 그러나 1943년 총동원령이 내려졌을 때 끌려가 미얀마까지 다녀왔노라고 말했다. 전쟁이 끝나고 고향으로 돌아온 작은할아버지는 본인이 쌓은 간척지 끄트머리에 터를 잡고 살아가다 그 자리에서 생을 마감했다. 두번째 간척지는 염전으로 활용되었는데 해방 이후에도 제방을 쌓아올린 본인에게는 땅뙈기 한뼘 돌아온 것 없었다. 그저 젊어서는 염전에서 염부로 품을 팔아먹고 살았고 나이 들어서는 염부들 상대로 막걸리를 팔아먹고 살았을 뿐이다.

일반적으로 식당에서 반찬으로 나오는 단무지는 초절임무다. 식초, 설탕, 소금을 넣고 끓인 뜨거운 물을 무에 부어 절인 것인데 피클을 만드는 방법과 다르지 않다. 어미가 내준 단무지는 초절임무와는 다른 것이다. '다쿠앙' 혹은 '벳타라즈케'라 불리는 일본식 장아찌의 일종이다.

쌀겨(미강)에 술지게미(주박)와 소금, 설탕(또는 사카린), 치자(또는 색소)를 넣고 버무린 것을 꾸덕꾸덕하게 말린 무 사이사이에 켜켜이 쌓아 단단히 다지고 무거운 돌을 올려 두세 달 숙성시키면 무에서 나온 물과 함께 발효가 되면서 만들어진다. 누룩이나 술지게미가 없다 하더라도 쌀겨만으로 단무지를 만들 수 있는데, 술지게미나 누룩은 쌀겨의 발효를 촉진하는 역할을 하지만 이런 촉진제가 없다 하더라도 쌀겨는 무에서 나온 수분을 이용해 스스로 발효가 되므로 시간의 여유가 있다면 술지게미나 누룩을 넣지 않아도 쿰쿰한 술맛이 느껴지는 단무지를 만들 수 있다.

일본에서 건너온 이주민들은 간척지와 간척지 주변에 촌락을 형성하고 살아갔다. 원주민들의 음식 중 입에 맞는 것은 조리법을 배워 만들어 먹기도 하고 고향에서 가져온 씨앗을 뿌려 장무(가늘고 기다란 무로, 단무지를 만들기에 적당하다)를 길러내고 그것으로 벳타라즈케를 만들어 먹기도 했다. 조선에서 흔했던 개구리참외를 이용해 나라즈케를 만들기도 했고 그것을 조선인들과 나눠먹기도 했을 것이다.

어릴 적 살던 집 뒤 광에는 단무지가 가득 담긴 커다란 대야가 1년 내내 놓여 있었는데, 대야에서 올라오는 쿰쿰한 냄새가 너무 지독해 단무지는 입에 대지도 않았다. 말하자면 쌀겨와 무가 뒤섞여 썩어가는 두엄자리 냄새가 풀풀 올라오는 대야에서 꺼낸 단무지를 밥상 위에 올렸으니 어린것 눈에 썩은 것으로 보였을 만도 하다.

그럼에도 불구하고 어미는 사시사철 단무지를 꺼내들어 밥상 위에 올리고 도시락 밑반찬으로 넣어 학교에 보냈다. 어미에게 이런 방식으로 단무지를 담그는 방법은 어떻게 알았느냐 물었더니 모른다고 대답했다. 그저 "외할머니 허는 것을 보고

단무지에 묻어 있는 쌀겨를 흐르는 물에 씻어내고 찬물에 담가

하루 동안 우려냈다. 짠맛이 빠지고 쿰쿰한 냄새도 적당히 가신

단무지의 풍미가 근사하다. 몇개는 썰어 고춧가루와

들기름을 둘러 무쳐먹고 몇개는 양념하지 않고 그대로 먹었다.

따라헌 것"이지 누군가 정식으로 가르쳐주고 말고 한 것이 아니라는 얘기였다. 아마도 외할머니는 처음 누구에게 배웠는지 기억하고 있었을 테지만 이제는 돌아가시고 없는 사람이기에 그 기원을 알 길은 없게 되었다.

사실 벳타라즈케나 나라즈케는 군산에서 여전히 흔한 음식이지만 가정에서 만들어 먹는 모습을 찾아보기는 어렵다. 말하자면 군산시 관광상품이 되어 시장에선 흔히 볼 수 있지만 그것이 어떻게 만들어지는지는 지역에 사는 사람들도 모르는 음식이 되고 만 것이다.

어은리 영병산에 올라 서쪽을 바라보면 너른 들이 한눈에 들어오는데 그 땅이 바다였을 거라고는 상상하기 어렵다. 그 너른 불이간척지 너머 또다른 들이 모습을 드러내고 있다. 새만금이다. 백여 년 전 쌓아올린 바다와 간척지의 경계는 희미해져간다. 들인지 바다인지 분간하기 어려운 허허벌판 위에 포클레인과 덤프트럭이 개미처럼 분주하기만 하다.

단무지에 묻어 있는 쌀겨를 흐르는 물에 씻어내고 찬물에 담가 하루 동안 우려냈다. 짠맛이 빠지고 쿰쿰한 냄새도 적당히 가신 단무지의 풍미가 근사하다. 몇개는 썰어 고춧가루와 들기름을 둘러 무쳐먹고 몇개는 양념하지 않고 그대로 먹었다. 어릴 땐 그리도 싫었던 이 맛과 향이 이제 와 왜 이리 특별하게 느껴지는지 알다가도 모를 일이다. 어미가 죽고 나면 이 맛이 그리워 내가 사는 집 뒤 광에도 쌀겨와 무가 삭는 냄새가 1년 내내 피어오를 것만 같다.

동구 밖에 서면 간척지에 만들어진 염전이 훤히 내려다보였는데 이제는 시야를 가리는 높은 펜스가 그 넓디넓은 염전을 모두 둘러쳐 보이지 않는다. 그 안으로 아침부터 저녁까지 덤프트럭들이 수시로 들락거리며 부연 회갈색 먼지만 풀풀 일으켜쌓는다. 1938년 만들어진 간척지는 1998년까지 염전이었는데 2018년이 되면 자동차경기장으로 변한다. 한때 F1그랑프리 경기장을 만들려다 실패하고 그 회사는 망해 없어지더니 이번에 또 누가 불이흥업주식회사의 망령을 되살려낸 모양이다.

제방을 쌓은 사람들은 죽은 지 오래고, 염전에서 염부로 살았던 사람들도 얼마 남지 않았다. 염부의 자식들은 초로에 접어든 늙은이거나 결코 이 땅으로 돌아올 마음이 없는 도시인이 되었다. 마을에 몇 남지 않은 늙은이들은 회관에 모여 두런거린다.

'그러거나 말거나…'

쫄깃한 단무지 한조각이 입안에서 와드득 씹힌다.

개떡

매일 아침 출근길에 전주 모래내시장을 지난다. 언제나 이른
아침이면 시장통 상인들은 문을 열고 장사 준비를 한다. 한겨
울 7시 30분께는 어둑한 새벽녘이라 공판장에서 물건을 떼다
파는 어물전과 채소가게 사람들만 부연 입김을 뿜어내며 수선
거리지만 날 풀리고 해 길어진 4월의 7시 30분께는 훤하게 날
밝은 아침이라 한 집도 빠짐없이 문 열고 장사를 준비한다.

　요즘 시장통에서 가장 많이 눈에 띄고 잘 팔리는 것은 이런
저런 채소의 모종이다. 포트에 담긴 상추, 오이, 가지, 고추, 참
외, 수박 따위의 모종들을 좌판과 길바닥에 깔아두면 지나가던

사람들이 서너 개씩 추려 들고 집으로 간다. 손바닥만 한 것이라도 남새밭이 있는 집은 이맘때 모종을 사다 심어두면 겨울이 오기 전까지 푸성귀 걱정 없이 지낼 수 있고, 남새밭이 없다 하더라도 화분에 흙 갈아 담고 고추라도 심어두면 서리 맞을 때까지 풋고추라도 따서 먹을 만하기 때문이다.

푸릇푸릇한 모종 좌판 뒤편으로 부연 김 뭉게뭉게 피어오르며 구수한 냄새를 뿜어내는 떡집도 일찌감치 문을 열었다. 이제 막 쪄나와 뽀얀 김 피어오르는 백설기를 비롯해 고슬고슬 팥고물 흩뿌려 쪄낸 팥시루떡, 알록달록 무지개떡, 쫀득한 인절미, 카스테라보다 포근한 증편, 반질반질 윤기 흐르는 절편 등 색과 모양을 갖춘 떡이 지나가는 사람들의 입을 유혹하는데 그 중에 내가 집어든 떡은 개떡이다. 이름이야 개떡이라지만 요즘 시장에 나오는 개떡은 주전자 뚜껑 같은 동그란 틀로 찍어내는지 모양이 반듯하니 보기 좋은데 그 맛은 어릴 적 먹던 개떡맛 그대로다.

이른 봄에 캔 여린 쑥은 색과 향이 옅어 쑥국을 끓이거나 쑥버무리를 만들어 덤벙덤벙 떼어먹기 좋고, 4월이 지나 웃자란 쑥은 색과 향이 짙어 개떡이나 절편을 만들어 먹거나 말려 차로 마시기 적당하다.

어미는 이맘때 캔 쑥을 끓는 물에 데쳐 찬물에 우리고 쌀 한

말 정도를 물에 불려두고는 나를 불러세웠다. 방앗간에 다녀
오라는 것이다. 물에 불린 쌀에 물기를 꾹 짠 쑥을 섞고 소금
과 '뉴슈가'로 간을 해 방앗간으로 들고 가면 납작납작 떡방아
를 찧어주는데 말하자면 '개떡믹스'다. 쑥을 넣고 찧은 쌀가루
에 따뜻한 물을 부어 익반죽한 것을 손에 잡히는 대로 아무렇
게나 뚝뚝 떼어 둥글납작하게 빚어 찜통에 넣고 10분 정도 찌
면 개떡이 된다. 이렇게 쪄진 개떡에 참기름이나 들기름을 발
라 채반에 펼쳐 식히면 하루 간식으로 그만이다.

　개떡은 잔칫상에 올리는 이름난 떡이 아닌지라 허드렛것으
로 그때그때 생각나면 만들어 하나씩 집어먹는 간식거리 정도
다. 그래서 시루 가득 푸짐하게 쪄내기보다는 하루 먹을 만큼
의 양만 찌고 남긴 가루는 냉동실에, 익반죽은 냉장실에 보관
해두고 생각날 때마다 꺼내 쪄먹는다. 찌는 것이 귀찮고 성가
시면 프라이팬에 참기름이나 들기름을 두르고 익반죽을 납작
하게 펼쳐 노릇하게 구워도 마치 화전처럼 맛이 좋다.

　어렸던 나는 촌구석 내음 물씬 풍기는 못생긴 개떡을 마땅
찮아했다. 군산 시내로 학교를 다니던 누이들이 어쩌다 한 번
씩 물어다 날라준 '이성당' 카스테라나 페이스트리에 혓바닥
이 마비되었으니 못나고 찐득한 개떡 따위가 어린것 입에 달
라붙을 리 만무했던 것이다. 이성당 빵이 어쩜 그리도 스윗스
윗하면서 허니허니하고 러블리러블리했던지 대가리깨나 굵

어지고 롤라장깨나 들락거리며 방방 밀고 다닐 무렵에는 살강 위의 개떡 따위 말라 비틀어지거나 말거나 이성당 문턱이 닳아빠지도록 들락거리며 수많은 빵과 케이크, 쿠키의 맛을 섭렵하며 스윗허니러블리한 연애질에 몰두했었다.

아직도 길을 걷다 스윗스윗 허니허니 러블리러블리한 빵 냄새만 느껴져도 우울했던 기분이 싹 가실 만큼 빵을 좋아한다. 그렇지만 이제는 같은 상 위에 빵과 떡이 함께 놓여 있으면 떡에 먼저 손이 가는 촌놈 본연의 모습으로 돌아온 상태다. 어미는 30년 전이나 지금이나 다를 바 없이 여전하게도 이맘때가 되면 쑥을 캐 개떡가루를 만들어 냉장고에 넣어두고 자식들 찾아올 때나 혼자서 입이 궁금할 때마다 꺼내 개떡을 쪄먹는다. 푸성귀를 들고 시장에 나갈 때도 개떡을 쪄서 들고 나가 점심으로 먹기도 하고 밭에서 풀을 매다 허기지면 하나씩 꺼내 참 삼아 먹기도 한다. 겨울에 고구마나 밤이 입에 물리면 개떡을 쪄 오물오물 씹어먹기도 한다. 나도 어미 옆에 반쯤 드러누워 쑥 냄새를 느끼며 다 자란 염소새끼처럼 무심하게 개떡을 오물오물 씹어먹는다.

나이 들어 대천을 떠돌다보니 개떡의 종류가 한둘이 아니라는 것도 알게 되었다. 고향에서는 쑥으로만 개떡을 빚었는데 남도에 이르니 보리싹이나 모싯잎을 쑥 대신 넣어 개떡을 쪄낸다. 특히 모싯잎은 억세 쑥처럼 쌀과 함께 넣어 찧지 않고 즙

개떡은 잔칫상에 올리는 **이름난 떡이 아닌지라** 허드렛것으로

그때그때 생각나면 만들어 하나씩 집어먹는 간식거리 정도다.

그래서 시루 가득 푸짐하게 쪄내기보다는 하루 먹을 만큼의

양만 찌고 남긴 가루는 냉동실에, 익반죽은 냉장실에 보관해두고

생각날 때마다 꺼내 쪄먹는다.

개떡

을 짜내 쌀가루에 넣고 익반죽을 한다. 모싯잎을 넣은 개떡은 초록빛이 선명하고 맑아 떡의 빛깔은 좋지만 향과 맛은 쑥만 못하다. 강원도에 이르니 취나물과 곤드레나물을 쑥 대신 넣어 개떡을 빚었는데 취나물개떡은 쌉싸름한 맛이, 곤드레개떡은 구수한 맛이 좋았다. 충북의 산골마을에선 도토리가루를 넣어 빚은 갈색 개떡도 오일장에 나와 있었다. 강원도 동해안에서는 감자붕생이라는 떡도 맛보았는데 그 또한 개떡의 일종으로 강판에 간 감자와 밀가루 혹은 쌀가루를 섞어 모양 없이 빚어 그때그때 간식거리로 먹던 생활음식이다.

그녀와 나는 몇년 후의 삶을 준비하고 있다. 어느 깊은 산골짝, 해 잘 들고 개울 흐르는 땅에 작은 집 짓고 살아가기를 소망하다보니 그러한 토대와 물질적인 형태를 마련하는 것보다 앞서야 할 것이 생활방식과 태도를 익히는 것이었다. 익힌다기보다는 편리했던 것, 욕망했던 것, 스윗허니러블리했던 것들과 멀어지는 연습을 우선시해야 한다고 생각했다. 그 땅과 산과 물에서 빌어먹고 살자면 도시의 안락함과 풍요로움에 젖은 몸과 마음을 우선 내려놓아야 함을 깨달은 것이다.

우리는 가끔 밥상을 앞에 두고 이런 이야기를 나눈다. 어쩌다 가끔 만나는 우리는 서로에게 좋고 귀한 것을 먹이고 싶어 산해진미를 밥상 위에 두루 차려놓고 서로를 맞이한다. 그러나 어느 해에 이르러 이 모든 진귀한 음식이 밥상 위에서 사라지고 장과 짠지와 나물, 맑은 국만이 남을 것이라고 서로 주고 받으며 키득거린다. 그럼에도 불구하고 우리는 서로에게 불평하지 않을 것이라고 다짐한다. 서로를 사랑했던 열정이 식어 밥상 위에 뱀 나오게 풀반찬만 그득한 것이 아니라 서로의 열정을 합해 새로운 삶을 선택하고 그에 걸맞은 재료를 얻어 밥상 위에 올렸으니 고기반찬이 그립지는 않을 것이라고.

가끔 여러 가지 곡물을 가루 내 빵을 굽기도 하겠지만 빵보다는 개떡이나 감자봉생이를 자주 만들어 간식으로 먹을 성싶다. 화려하고 먹음직스러운 다양한 떡과 건너편 빵집의 달콤한 빵을 뒤로하고 가장 못났지만 가장 만들기 쉽고 수더분한 개떡을 들어 입에 넣는다. 쫀득한 개떡에서 풍겨오는 쑥 냄새와 참기름 냄새가 향긋하다. 이만하면 산중에서 이성당을 그리워하지 않아도 될 듯하다.

개떡

스스로 살아가기 마련이다

이 이야기는 성공담이 아니다. 요즘 같은 시대의 관점에서 본다면 찌끄레기들의 좌절담이거나 자기위안 혹은 변명으로 해석될지도 모른다.

언제부터 친구였는지 기억나지 않는 친구와 시골마을에서 함께 자랐다. 우리 부모나 친구의 부모 할 것 없이 노상 정신없이 바빴던 사람들인 데다 자식도 많아 일일이 챙겨줄 형편이 되지 못했다. 아침밥 먹여 학교 보내면 저녁때까진 저희들끼리 알아서 놀아야 했으므로 친구와 나는 그 시간을 내내 붙어 놀았다.

친구는 공부를 못했다. 나라고 공부를 잘했을 리 없지만 내 눈에 답답해 보일 정도였으니 말도 못하게 공부를 못했던 거다. 한글은 초등학교 3학년이 넘어서야 겨우 떠듬떠듬 읽기 시작했고 구구단외기는 종아리 때리던 선생님이 지쳐 포기해버릴 정도였다. 그런데 학교 끝나고 집에 돌아오기만 하면 사람이 달라 보였다. 친구는 공부 말곤 뭐든 잘했다. 나무도 잘 타고, 낚시도 잘했다. 특히 기계를 다루는 솜씨가 대단했는데, 어떤 기계든 몇번 보고 만지기만 하면 작동방식과 원리를 이해하는 듯 보였다.

초등학교 저학년 무렵에는 뒤뜰에 버려진 고장난 자전거를 고쳐서 타고 놀았다. 처음엔 타이어 없이 휠만 남은 자전거를 밀고 끌며 놀다 자전거포에서 타이어 수리하는 것을 지켜본 우리는 그것을 따라했다. 처음부터 잘될 리 없었지만 몇번의 실패 끝에 펑크난 타이어를 때우는 방법을 터득할 수 있었다. 아이들의 몸에 맞는 작은 자전거를 사주는 집은 없었다. 어른들이 타다 고장난 검정 자전거를 타고 놀았던 것이므로, 우리 몸에 맞지 않았지만 그저 밀고 끌며 놀다보니 어느새 안장 위에 올라타 달리게 되었다.

초등학교 5학년 무렵 나는 오토바이를 타고 친구는 경운기를 몰았다. 열두살 어린것들이 오토바이를 타고 경운기를 몬다니 의아할 테지만 시골에서 그 나이쯤은 한몫의 일을 해내야 할 때다. 읍내로 막걸리 심부름이라도 보내려는데 오토바이도 못 타면 반거충이 신세를 면키 어렵다. 그렇다보니 잘한다고 칭찬해주는 사람도 없었지만 하지 말라고 나무라는 사람도 없었다. 물론 가르쳐준 사람도 없었다. 둘이 뚝딱거려 고장난 경운기를 살려내고 취해 잠든 아비의 호주머니에서 오토바이 키를 몰래 빼들고 나와 달리며 몸으로 기계를 익혔다.

고장난 것을 고쳐 타야 했으므로 공구를 사용하는 방법도 자연스럽게 익힐 수 있었다. 렌치, 펜치, 멍키스패너, 롱노즈의 용처를 구분할 수 있었고 톱을 사용하는 방법, 칼을 갈아 벼르는 방법, 다양한 망치의 용처, 모터와 엔진의 작동원리가 어떻게 다른지 등은 누가 가르쳐주거나 책으로 학습하지 않아도 자연스럽게 알 수 있었다.

중학생이 된 나는 기계보다 영화에 빠져들기 시작했지만 친구는 여전히 기계를 가지고 노는 것을 좋아했다. 주말이 되면 읍내 비디오가게에서 최신 영화 두세 편과 오래된 영화 두세 편, 에로영화 한두 편을 빌려 친구집으로 향했다. 우리 집엔 없던 비디오플레이어가 친구집에는 있었는데, 그것도 안방이 아닌 친구 방에 놓여 있었다.

친구는 재미있는 영화는 끝까지 봤지만 지루한 영화는 보다 잠들었으므로 초저녁에는 장 클로드 반담이 출연하는 할리우드 액션영화나 이연걸이 출연하는 중국 무협영화, 또는 「티코 아저씨와 그랜저 사모님」과 같은 에로영화를 주로 보았고 친구가 잠들면 「펄프픽션」「피아노」「고무인간의 최후」「파니핑크」 같은 영화를 보며 밤을 새우고 다음날 저녁때가 되어서야 집으로 돌아갔다.

　친구는 그 무렵 커다란 트랙터를 몰고 다니며 밭과 논을 갈았고 개와 돼지를 돌보느라 정신이 없었다. 그때까지도 친구와 나는 함께 영화를 보고 집안일을 도왔지만, 친구는 내가 보는 영화를 이해할 수 없었고 나는 커다란 트랙터의 작동방식이나 엔진과 미션의 연결부위에 문제가 있다는 친구의 말을 알아들을 수 없었다. 그렇게 우리의 관심분야는 갈렸고 고등학생이 되어서는 학교도 갈렸다.

　친구는 고등학교에 입학하고 얼마 지나지 않아 중국음식 배달을 시작했다. 오토바이 타는 것이 좋았고 돈 벌어 오토바이를 사고 싶기도 해서였다. 그렇게 125cc 오토바이 한 대를 마련한 친구는 또래와 무리지어 군산 시내 길바닥을 누비며 폭주를 놀이 삼았다. 속도의 한계에 직면하면 제 손으로 오토바이를 개조해 더 빠른 속도로 달렸다. 여전히 공부는 못했지만 기계 다루는 솜씨는 또래를 뛰어넘어 전문가도 혀를 내두를 수준이었으므로 당연하게도 고등학교를 아직 졸업하지 않은 학생을 군산에 있던 대우자동차에서 스카우트해갔다.

　이후 친구에 대한 이야기는 사람들의 입으로 전해들을 수만 있었다. 자동차회사에선 그를 일본으로 보내 고급 기술을 배울 수 있도록 독려하고 지원했다. 일본 연수를 마치고 돌아온 그는 회사에서 성실하고 뛰어난 기능공으로 활약했지만 회사 밖에서의 생활은 달랐다. 제 손으로 튜닝카를 만들어 암암리에 행해지던 드래그레이싱(짧은 거리를 직선으로 빨리 이동하는 자동차 경주)이나 공도레이싱(공공도로에서 불법적으로 하는 경주)에 참가하거나 폭주를 일삼다 체포되고 풀려나기를 반복했다. 대우자동차가 망하고 GM으로 인수될 무렵 친구는 급기야 일자리를 잃었다. 서류만 놓고 본다면 학업성적은 미진한 데다 범죄자로 보였을 테니 퇴출 일순위를 면키 어려웠을 것이다.

양파를 썰다 문득 궁금해졌다. 나는 어떻게 딴생각을 하면서도 손을 다치지 않고 양파를 종잇장보다 얇게 썰 수 있게 되었을까. 힘을 주고 힘을 놓는 방법은 어떻게 알게 된 것이며 손목과 손가락과 손잡이와 칼날의 각도를 순간순간 달리하며 양파를 써는 방법은 누구에게 배운 것일까. 아무도 가르쳐준 사람 없는데 채소와 고기와 생선을 자르는 방법을 달리해야 한다는 것은 또 어떻게 알게 된 것일까. 학습을 통해 배운 것이 아니라 몸이 저 알아서 배운 것이라 그것을 설명할 방법은 알지 못한다. 그저 막연하게 알 수 있는 것은 내가 좋아하는 것을 놀이 삼다보니 도구 활용법을 익힐 수 있었다는 것뿐이다.

자전거를 고쳐 타는 동안 우리는 수많은 실패를 경험했고

양파를 썰다 문득 궁금해졌다. 나는 어떻게 딴생각을 하면서도

손을 다치지 않고 양파를 종잇장보다 얇게 썰 수 있게 되었을까. 힘을 주고 힘을 놓는

방법은 어떻게 알게 된 것이며 손목과 손가락과 손잡이와

칼날의 각도를 순간순간 달리하며 양파를 써는 방법은 누구에게 배운 것일까.

스스로 살아가기 마련이다

다치고 부러졌다. 그러나 실패는 어떤 좌절도 불러오지 않았다. 타이어에서 바람이 빠지면 까르륵 웃곤 다른 방법을 모색하거나 바람 빠진 자전거를 그대로 타고 놀았다. 잘못한 건 아무것도 없었다. 한글을 읽지 못하고 구구단을 외우지 못하고 알파벳을 읽지 못할 때 선생님들은 점수로 우리를 평가하고 잘못을 뉘우치라며 회초리를 들었지만, 내가 좋아 스스로 익히려 노력했던 것에 대해서는 평가받은 적도 뉘우침을 강요받은 적도 없다. 몸에 남은 건 회초리 자국이 아니라 스스로의 선택과 깨우침이었다.

그래서 그 친구는 지금 뭐하고 사느냐고? 몇년 전부터 포클레인을 운전해 먹고산다. 그렇게 속도에 매료됐던 사람이 느려터진 포클레인을 운전해 먹고산다니 처음에는 의아했지만 이해 못할 것도 아니었다. 그 사람이 매료됐던 건 속도가 아니라 기계의 작동이었으니까.

일본 애니메이션 「괴물의 아이」에서 쿠마테츠는 이렇게 말한다. "의미는 스스로 찾는다." 삶은 제 스스로 살아가기 마련이다. 대신 살아줄 것 아니면 '가만히 있으라'는 말 따위는 하지 마시라. 부모의 무덤으로 함께 들어갈 생각이 아니라면 자신의 의미를 스스로 찾으시라.

위야 오늘은 좀 쉬자

남들이 쉬지 않는 화요일이 휴무라서 좋은 것은 어딜 가든 한 적하고 조용하다는 것이다. 휴일 한낮에 시장을 나가도 느릿느 릿 걸으며 상인들이 내놓은 물건을 꼼꼼히 들여다볼 수 있고, 한가해진 식당에 홀로 앉아 밥을 먹고 오랫동안 막걸리를 마 셔도 자리 하나 차지한 것을 미안해하며 눈치 보지 않아도 괜 찮다는 것이 가장 큰 장점이라면 장점이다.

오늘은 비 오는 화요일이었다. 전주 한옥마을에는 날씨와 상 관없이 일정에 맞춰 수학여행 온 학생들이 몰려다니며 웃고 떠드느라 와자지껄했지만, 한옥마을에서 얼마 떨어지지 않은 남부시장에는 상인들만 두런거릴 뿐 장을 보기 위해 나선 사람은 얼마 없이 한가하기만 했다.

특별히 무얼 사고 먹자고 나선 길이 아니어서 우리는 비 내리는 시장통을 어슬렁어슬렁 걸어다니며 진열된 물건들을 구경하다 떡집 앞을 지날 때 개떡과 모시송편을 사들었다. 시장까지 나왔으니 콩나물국밥집에 들러 국밥에 막걸리 한잔 마시는 걸로 배를 채우기도 했고, 집으로 돌아오는 길에 황포묵이 눈에 띄어 한 덩이 사들고 오기도 했다. 어쩌면 이렇게 부슬부슬 비 내리고 할 일 없이 시장통이나 어슬렁거릴 수 있는 날에는 국밥이나 떡보다는 말캉말캉 기운 없이 씹히는 묵에 쌉쌀한 막걸리 한잔을 더해 취기를 구하는 것이 제격일지 모른다.

가끔, 일을 너무 많이 해 몸을 가누기조차 힘겨웠던 날들 중 며칠은 버스를 타고 금산사로 향했다. 막일로 밥벌이를 하던 때라 딱히 휴일이 정해져 있지는 않았지만 오늘처럼 아침부터 비가 내리면 통상 '데마찌'(하는 일 없이 공치는 것)로 치고 하루를 쉬는 비정기 휴일을 맞이했다.

이렇게 날씨의 변화에 따라 갑작스럽게 휴일을 맞아 딱히 계획한 일정이 없는 막일꾼들은 아침부터 모여 고기를 굽자느니 개수육에 소주나 한잔 하자느니 하는 소리를 늘어놓기 마련이었다. 그럴 때면 대부분 마다하지 않았지만 몸이 고되고 꼼짝할 기운조차 없는 날에는 고기 한점 목구멍으로 넘겨 소화시킬 기운조차 없었으므로 전화기를 끄고 금산사로 향했던 것이다.

그렇다고 금산사에 들어 뭐 대단한 명상을 하며 심신을 안정시키겠다는 뜻이 있었던 것은 아니다. 금산사 입구에 즐비한 식당들 중 한적한 식당 하나를 골라 어슬렁어슬렁 기어들어가 도토리묵 한 접시에 막걸리 한 주전자를 시켜놓고 하루를 녹여보자는 심사였으므로 '금산사'란 그저 버스 차창에 붙은 푯말이거나 혼자 마시는 낮술의 암호와 같은 것이다.

그렇게 찾아간, 비 오는 평일 오후 금산사 입구의 식당에서 채소와 함께 버무린 도토리묵을 오물오물 씹어 삼키고 막걸리 한 주전자를 느릿느릿 마시고 나면 속도 편안했고 이곳저곳 쑤시던 뼈마디와 뭉친 근육도 풀어지는 듯했다.

시장에서 돌아온 우리는 낮잠을 자고 일어나 황포묵을 먹었다. 그녀는 황포묵을 접시에 썰어 담고 양념장을 만들었다. 냉장고에 별다른 양념거리가 없었으므로 진간장에 파프리카와 토마토, 미나리를 썰어 넣고 고춧가루와 매실청, 마늘을 넣어 맛을 낸 양념장을 곁들였다. 짭짤하고 아삭한 채소들이 묵과 잘 어우러졌다. 무슨 양념장에 파프리카와 토마토가 들어가느냐 반문할지 모르지만 묵이란 음식을 조금만 달리 보면 의아하게 생각할 것도 아니란 걸 알 수 있다.

묵은 서양의 파스타나 중국의 양장피와 크게 다르지 않은 시장에서 돌아온 우리는 낮잠을 자고 일어나 황포묵을 먹었다.

그녀는 황포묵을 접시에 썰어 담고 양념장을 만들었다. 냉장고에 별다른

양념거리가 없었으므로 진간장에 파프리카와 토마토, 미나리를 썰어 넣고

고춧가루와 매실청, 마늘을 넣어 맛을 낸 양념장을 곁들였다.

짭짤하고 아삭한 채소들이 묵과 잘 어우러졌다.

음식이다. 녹말에 포함된 글루텐의 성질을 이용해 만든 음식인데, 파스타나 양장피는 반죽한 것을 말리고 다시 삶아 만든 것이고, 묵은 물을 넣고 끓인 것을 식혀 만들었다는 차이가 있을 뿐이다. 따라서 묵을 말리면 파스타면처럼 딱딱해지고 그것을 끓는 물에 넣고 삶으면 파스타면처럼 쫄깃해진다. 이것을 묵말랭이라고 한다.

묵말랭이를 이용해 토마토소스를 곁들여 조리하거나 올리브유를 넣어 샐러드로 요리해도 파스타와 크게 다르지 않고, 여러 가지 채소와 해물을 곁들여 버무려도 양장피 못지않은 훌륭한 요리가 된다. 굳이 서양과 중국의 음식을 응용해 요리하지 않더라도 이런저런 겉절이에 넣어 함께 버무리거나 떡볶이처럼 고추장에 볶아도 맛이 좋고 밥 지을 때 잡곡 대신 넣어도 나물밥 못지않다. 그러니 토마토와 파프리카가 들어간 양념장을 낯설게 생각할 건 없다. 반대로 양념장을 끼얹거나 잡채처럼 간장을 넣어 볶은 파스타면을 이상하게 생각할 것도 없다.

조리 방법이나 재료, 모양에 따라 파스타의 종류가 수백 가지가 되듯 묵도 다양한 방식으로 변형이 가능한 음식 중 하나다. 황포묵은 녹두가루에 치자물을 더해 만든 노란색 묵이다. 치자물을 더하지 않고 녹두가루로만 만든 묵은 청포묵이라 하고, 옥수수가루로 만든 올챙이묵이 있는가 하면 도토리가루로 만든 도토리묵, 메밀가루로 만든 메밀묵, 쌀로 만든 쌀묵도 있고, 흑임자를 갈아넣어 만든 깨묵 등 묵의 종류는 다양하다. 여기에 여러 색을 더해 다양한 색깔의 묵으로 변형이 가능하고, 말리는 방법에 따라, 곁들이는 양념장에 따라 다양한 요리로 변형이 가능하다.

　요즘 들어 이런 생각을 자주 한다. 식당을 운영하는 사람이 할 생각인가 싶기도 하지만, 어쩌면 우리는 너무 많이 먹어 고통받고 있는지도 모른다. 우리 몸의 에너지는 노동을 할 때 사용되기도 하지만 먹은 것을 소화시킬 때도 사용된다. 먹어야만 에너지를 얻을 수 있는 것이 사람의 몸이라지만 먹은 것을 소화시키기 위해 너무 많은 에너지를 사용하고 그러다 지쳐 잠들고 그리하여 다음날 아침 눈을 떴을 때 아무런 기운도 남지 않는 것은 아닐까.

　프라이드치킨 한 마리와 함께 취하도록 마신 맥주를 소화시키느라 밤새도록 우리의 소화기관은 잠을 이루지 못하고 아침을 맞이한다. 밤새 열심히 일했는데 아침에 눈을 뜨면 또다시 해장국을 먹어 노동을 강요하고 그것을 소화시키기도 전에 점심을 먹고 저녁이 되면 회식 자리에 나가 앉는다. 쉴 틈 없이 몰려드는 밥과 통닭과 맥주와 소주와 아이스크림과 커피와 탄산음료와 숙취해소제까지. 그렇게 많이 먹었는데도 다음날 아침 좀비 신세를 면키 어려운 이유는 내 몸의 일부인 위장이 밤새도록 노동에 시달렸기 때문일 것이다.

휴일이 되어서 팔과 다리와 머리를 쉬게 하듯 위장도 가벼운 음식을 소화시키며 하루를 편히 쉬도록 배려해주는 것이 진정한 휴식일지 모른다. 휴일이어서 고기도 굽고 술도 한잔한다지만 따져보면 휴일이 아니어서 그보다 못한 식사로 우리의 위장을 홀대하지는 않았다. 아마 하루도 빠짐없이 고깃국, 고기튀김, 고기구이, 고기볶음을 먹고 마셨을 거면서 뭘 더 먹고 마시느라 위장이 쉴 겨를조차 주지 못할까. 먹는 것 말고는 즐거움을 얻기 어려운 시대에 살고 있는 것은 분명하지만 이런 시대일수록 본능만 충족시키는 즐거움에서 멀어지려 애쓸 필요가 있다.

내가 식탐에서 멀어지기 위해 재발견한 음식은 묵이다. 휴식을 취해야 하는 날엔 묵처럼 가벼운 음식으로 위장도 휴식을 취할 수 있도록 배려해보자. 식문화의 발달이 인류의 뇌를 살찌운 것은 분명하지만 생각까지 살찌운 것은 아니다. 어쩌면 위장의 휴식이 생각을 살찌울지 모른다. 가끔은 위장도 쉬게 하자.

합리

밥을 팔다보면 각자가 먹은 밥값을 나눠 내는 경우를 종종 본다. 끼니란 누구에게나 하루도 빠짐없이 반복되는 일상일 것이므로 끼니에 대한 값을 내는 방식으로 감정노동하지 말고 각자의 밥값은 나눠 내자는 합의에 따른 행위일 것이다. 밥을 파는 사람의 입장에서야 밥값을 어떻게 지급하든 상관없고 그것이 합리적(合理的)으로 보일 수도 있지만 어떤 각도에서 보면 합리적(合利的)이라는 생각이 든다.

몇년 전 얼결에 원어민 강사들의 연말 모임에 참석한 날이 있었다. 미국과 캐나다에서 왔다는 사람들의 모임이었는데 모임 장소는 닭갈비집이었다. 닭갈비집 입구에는 모임을 주선한 호스트가 서 있었고 참가자들은 호스트에게 회비 2만원씩을 내고 식당 안으로 들어가 식탁 앞에 둘러앉았다. 닭갈비집에 모인 사람은 20여 명이었다.

철판 위에 지글거리는 닭갈비를 앞에 두고 소주, 맥주, 폭탄주를 돌려가며 뭐라뭐라 웃고 떠들던 사람들이 30여 분 만에 조용해졌고 각자 친한 사람들끼리 모여 앉아 속닥거리는 분위기로 전환됐다. 철판 위의 닭갈비는 30여 분 만에 모두 사라졌는데 누구도 닭갈비를 추가해달라고 소리치는 사람은 없었다. 술은 남았고 안주는 없으니 아주머니를 불러 "김취 쫌 더 주쉐요"라는 말만 여기저기서 튀어나왔다.

그러던 차에 뒤늦게 두 사람이 문을 열고 들어왔다. 두 사람은 미리 온 사람들과 인사를 나누곤 역시나 호스트에게 회비 2만원을 내고 자리에 앉았다. 뒤늦게 자리한 두 사람의 테이블에만 닭갈비가 지글거렸다. 닭갈비가 없는 테이블 여기저기선 김치 더 달라는 소리가 계속되었다.

그 꼴을 지켜보던 나는 도무지 이해할 수 없어 그 모임에 나를 데리고 간 친구에게 "이 집단적 찌질함은 뭐하는 시추에이션"이냐 물었더니 그들의 문화라고 대답했다. 얼핏 보면 모임에 참여한 어떤 사람에게도 부담 주고 싶지 않다는 긍정적이고 합리적(合理的)인 태도로 보일 수 있지만, 내가 보기엔 그 누

구도 모두의 문제를 공론화하고 싶어 하지 않는 합리적(合利的)
인 이기심의 끄트머리쯤으로 보였다. 김치를 퍼나르던 아주머
니의 인상이 점점 찌푸려지더니 결국 "김치 한 접시에 500원!
파이브 헌드라드 원!!"이란 말이 튀어나왔다. 김치는 풀 뜯어
다 흙 발라 담근 줄 아나.

   지금까지 살아오면서 누군가의 결혼식에 참석한 횟수가 30
여 회 남짓 될까. 그중 나에게 매우 소중한 사람의 결혼식에 참
석한 경우가 절반, 어쩔 수 없이 참석해 눈도장만 찍고 돌아온
경우가 절반 정도 되는 듯하다. 서른살이 넘어서는 눈도장을
찍자고 결혼식에 참석한 경우는 없었으니 한 달에 들어가는
축의금이 얼마니 어쩌니 하는 말들은 이제 마음에 와닿지 않
는다. 축의금이 아깝다는 생각이 드는 사람의 결혼식이라면 본
인과 아무 상관도 없는 사람일 텐데 어쩌자고 와글와글 복작
거리는 결혼식장에 찾아가 주머니뿐만 아니라 마음까지 탈탈
털리고 돌아오는지 모를 일이다. 그런 결혼식이라면 찾아가지
않는 편이 가장 좋겠지만 어쩔 수 없이 눈도장을 찍어야만 하
는 경우라면 이렇게 해보는 것은 어떨까.
   주말에 할 일 없이 집에서 뒹굴고 있는데 선배에게서 점심
이나 먹자는 연락이 와 따라간 곳은 결혼식장이었다. 선배의
부인은 학교 선생인데 교장의 자녀 결혼식에 축의금을 보내지

않으면 암묵적 페널티를 받게 된다며 선배에게 봉투를 들려주고 대신 다녀오라 일렀던 모양이다. 봉투 안에는 2만원이 들어 있었다.

오늘날 축의금 2만원은 중대한 도전 행위다. 형수는 다분히 의도적으로 축의금 2만원을 넣은 것이 분명해 보였다. 축의금을 전하지 않았을 때 닥쳐올 페널티에 대한 페널티이자 얼굴 한번 본 적 없는 교장 자녀의 결혼식은 축하할 마음이 2만원어치밖에 없다는 자해극 정도로 해석하는 게 옳지 않을까. 해서 우리는 기꺼운 마음으로 형수의 결단에 힘을 실어주기로 마음먹었다.

우선 2만원이 든 축의금 봉투를 카운터에 들이밀자 식권 한 장을 줬다. 곧바로 식권 한 장을 더 달라니 일말의 망설임도 없이 한 장을 더 내주었다. 고마운 일이다. 우리는 교장이 누군지 모르고 그 자녀가 신랑인지 신부인지도 몰랐다. 그러니 식장에 고개를 들이밀 필요도 없었다. 곧장 연회장으로 올라갔다. 시간은 오전 11시 30분. 아직 하객이 찾아올 시간이 아니어선지 연회장은 한가로웠다.

우리는 가장 구석진 곳에 자리를 잡고 뷔페 음식이 있는 진열대로 향했다. 사람 손을 타지 않은 산해진미가 차고 넘쳤다. 미터급 도미찜이 온전히 남아 있는가 하면 오향장육이 산더미처럼 쌓여 있었다. 서두를 필요는 없었다. 우리는 아주 느긋하

게 오늘의 파티를 즐기기 위해 이 자리에 참석한 것이다. 도미
뱃살에 채소를 곁들여 식사를 시작했다. 경사스러운 날 술이
빠질 리 없다. 일단 맥주 3병으로 목을 축이고 본격적으로 자
해대역극을 펼치기 시작했다.

결혼하기 좋은 5월이었으므로 그날 결혼식장엔 하객으로 인
산인해를 이뤘다. 누구의 가족이고 누구의 친지고 누구의 친구
이며 누구의 어버이인지 알 수 없었고 알려고도 하지 않는 것
처럼 보였다. 그저 빨리 밥 먹고 그 자리를 벗어나고 싶은 사람
이 태반인 듯했다. 우리를 신경쓰는 사람은 다 먹은 그릇과 술
병을 치우는 직원뿐이었다.

우리는 모든 하객이 빠져나가고 직원들이 진열되어 있던 음
식을 치울 무렵 거나하게 취해 결혼식장을 빠져나왔다. 태양은
서쪽 묘지 아래로 붉게 가라앉았다. 한낮의 찌는 더위는 시원
한 연회장에서 먹고 마시고 사람 구경하느라 느낄 수 없었다.
우리는 어깨동무를 하고 노래도 불렀다. 무슨 노랜지 기억나지
않지만 「아침이슬」 따위의 노래를 부르며 집으로 돌아가지 않
았을까 추측만 해본다.

앞으로도 소중한 몇사람의 결혼식 외에는 참석하지 않을 생
각이다. 잘 알지도 못하고 친하지도 않고 존경하지도 않는 사
람들의 결혼식에 전해줄 돈으로 해야 할 일은 너무나도 많다.
대신 그 돈으로 소중한 사람들이 찾아오면 맛있는 밥과 술을

사먹이고 즐거운 시간을 보낼 것이다.

나는 보험을 들지 않는다. 보험을 갖고 있지 않은 이유도 그와 크게 다르지 않다. 오늘 행복하기도 부족한데 앞으로 닥칠 불행을 대비할 만큼 여유롭진 못하다. 잘 알지 못하는 사람들과 그보다 더 알 수 없는 미래의 시간을 위하기보다 오늘을 함께 살아가는 친구, 동료, 연인, 가족과 즐거운 시간을 보내는 데 돈과 시간과 에너지를 소비하는 것이 이치에 맞다. 이것이 합리(合理)이자 합리(合利)일 것이다.

우리는 모든 하객이 빠져나가고 직원들이 진열되어 있던 음식을 치울 무렵

거나하게 취해 결혼식장을 빠져나왔다.

태양은 서쪽 묘지 아래로 붉게 가라앉았다.

오! 똥이여, 향기로운 순환이여

그녀와 수박을 나눠 먹을 때에야 비로소 알아차렸다. 나는 수박씨를 씹어 먹고 있었다.

"수박씨도 씹어 먹어요?"

수박씨를 접시에 발라내던 그녀의 귀에 수박씨 씹히는 소리가 들렸던 모양이다. 이물감이 전혀 없는 것은 아니지만 불편함을 느낄 정도는 아니었다.

다시 수박을 한입 깨물었다. 오물오물 수박을 씹다 입안에서 돌아다니는 수박씨 한 알을 의식적으로 깨물어보았다. 의식하지 않고 먹을 땐 느낄 수 없던 이물감이 치아의 신경을 불편하게 자극했다. 내 너에게 달콤한 살을 내줄 테니 부디 씨앗만큼은 세상에 널리 퍼트려달라는 간곡한 당부처럼 느껴졌다. 그러나 나는 수박의 간곡한 부탁을 들어주지 못했다. 수박을 먹고 난 다음날 똥을 싼 곳은 땅이 아니었다. 변기에 앉아 똥을 쌌고 레버를 눌러 씨앗의 가능성을 수장해버렸다.

시골집 모퉁이 남새밭에는 토마토, 상추, 쑥갓, 오이, 머위, 더덕, 도라지 등이 자라고 있다. 동백나무가 담장이 되어주고 사과나무와 수국, 국화가 가림막이 되어준다. 어미는 혼자 살기 시작하면서부터 그 틈에 앉아 똥을 싼다. 아무도 모르게 똥을 싼다. 자식들이나 손님이 찾아오면 변기에 앉아 똥 싸는 시늉을 하지만 사람들이 돌아가고 혼자 남으면 사과나무 아래로 간다.

어미의 이러한 암행을 알게 된 건 재작년 겨울이었다. 추위에 풀과 꽃, 작물들이 주저앉고 사그라진 텅 빈 남새밭 모퉁이 이곳저곳에 똥이 널려 있었다. 오래전에 싸서 흙이 다 되어가는 똥도 있었고 이제 막 싸놓은 싱싱한 똥도 있었다. 나는 어미에게 묻지 않았고 알은체도 하지 않았다. 그저 씨익 웃기만 했다.

겨우내 먹고 싼 똥과 음식물 쓰레기, 닭이 싼 똥, 불 때고 남은 재만 있다면 이듬해 농사는 풍년을 장담할 수 있다. 올해도 남새밭은 풍년이 들었다. 상추는 고소하고 쑥갓은 향기롭다. 살찐 오이가 하나둘 맺히기 시작했고 머위는 웃자라 어린아이만 하다. 똥은 부끄럽지만 잘 자란 농작물은 자랑스럽고 향기롭고 맛이 좋다.

더위가 시작되던 늦은 봄날 그녀와 함께 전북 완주군 소양면으로 바람을 쐬러 나갔다. 차창을 열고 길을 가는데 똥냄새가 차 안으로 훅 들이쳤다. 짐승의 똥이 아닌 사람똥 냄새가 분명했다. 아직도 인분을 거름 삼아 농사짓는 사람이 있다는 것에 놀라기도 했지만 이내 어미의 남새밭이 떠올랐고 30여 년전 똥지게로 똥을 지어 나르던 날이 떠올라 차창으로 들이친 똥냄새가 대수롭지 않게 느껴졌다.

그래, 30여 년 전 이맘때 온 마을은 똥냄새로 가득 찼다. 온 가족이 1년간 열심히 싸서 모아둔 똥을 밭에 흩뿌려 거름 삼았는데 한두 집만 하는 짓이 아니라 집집마다 농사지을 준비를 그리 했으므로 봄날은 꽃향기가 아닌 온 마을을 뒤덮은 똥냄새로 기억된다.

사람이건 짐승이건 먹은 음식을 에너지로 전환하는 효율은 매우 낮다. 먹은 음식의 30% 정도를 에너지로 전환하고 나머지는 똥과 오줌으로 배출하므로 영양분의 70%가 똥에 남아 있다는 얘기다. 흙에 똥은 매우 훌륭한 이유식이 될 수 있음에도 우리는 매일 아침 영양분으로 가득 찬, 죽보다 부드럽고 젤리보다 말랑말랑한 똥을 아무도 알지 못하는 어둠의 터널로 흘려보내 폐기처분하고 만다. 그렇게 흘러간 너와 나의 똥은 하수종말처리장에서 하나가 되어 정화(淨化)라는 과정을 거쳐 아무것도 아닌 존재로 소멸해버린다.

"도시에서 나고 자란 아이들은 평생을 살아도 맡아보기 어려운 냄새가 되었어요."

도시에 살고 있는 그녀는 차창으로 밀려든 똥냄새를 맡으며 이렇게 말했지만 시골과 도시를 오가며 살아가는 나 또한 이제는 맡기 어려운 냄새가 되었다. 온 마을 사람들이 다 하던 짓을 이제는 한두 집도 하지 않는다. 이제 사람의 똥은 어디에서나 가능성을 상실해버린 폐기물이 되었다. 쾌적하고 편리한 환경을 조성하기 위해 수세식 화장실이 지어지고, 정화조와 하수도를 묻고 하수종말처리장으로 흘려보내 약품을 섞어 정화한 물을 강으로 흘려보낸다지만 땅과 강과 바다는 깨끗한 물만을 원하지 않는다.

먹고 남긴 똥에 남아 있는 영양분을 바탕으로 땅이 살고 강과 바다에서 살아가는 수많은 생물이 먹고사는 순환이 이루어지는데 인간은 똥을 돌려주지 않는다. 아니 돌려주고 싶어도 돌려줄 수 없는 구조로 도시를 건설해버렸다.

똥이 흘러가는 하수도에는 똥오줌만 흘러드는 것이 아니다. 생활하수, 공장폐수, 독극물 등이 뒤섞여 오폐수가 되어버리니 그 똥으로는 땅과 강과 바다에 사는 생물을 살릴 수 없다. 겨우 자연을 보호한답시고 한다는 짓이란 약품으로 정화한 물을 강으로 흘려보내는 것이 최선이므로 언젠가는 사람도 땅과 강과 바다에서 밥을 얻어먹지 못할 날이 도래할 것이다. 겨우 깨끗한 물이나 한 모금 얻어마실 수 있으려나….

내 어미는 배운 것이 없어 내가 이 글에서 말하는 '순환'이니 똥의 '가능성'이니 하는 말을 개 풀 뜯어먹는 소리쯤으로 여길 것이다. "똥을 기냥 내삐리는 것보다야 밭이다 싸믄 암만혀도 거름이 될 것 아니냐"고 말할 것이다. 그 말이 순환을 말하는 것이고 밭에 똥을 싸는 그 행위가 가능성의 실현일 것이다. 어미보다 배운 것 많고 아는 것 많은 나는 세련되게 말은 할지 모르겠지만 세련되게 밭에 똥을 쌀 줄은 모른다. 입만 방정이다.

말하는 입은 물론 먹는 입도 방정맞기는 매한가지다. 유기농이니 자연산이니 친환경이니 뭐니 뭐니 해가며 찾아 먹기는 잘도 찾아 먹으면서 그것이 가능해지도록 되돌려줄 의지는 없다. 변기에 앉아 똥을 싸고 물을 내리고는 무에서 유를 기대한다.

어미는 올해도 어김없이 정화조에서 흘러나오는 물길 옆에 미나리와 토란을 심어놓았다. 똥거름을 직접 주는 것보다야 못하겠지만 정화조에서 흘러나오는 물에도 영양분이 풍부한지 미나리와 토란은 잘 자란다. 시골집의 하수도는 생활하수가 빠져나가는 관과 똥오줌만 흘러가는 관으로 나뉘어 있다. 결국

시골집 모퉁이 남새밭에는 토마토, 상추, 쑥갓, 오이, 머위, 더덕, 도라지 등이

자라고 있다. 동백나무가 담장이 되어주고 사과나무와 수국, 국화가

가림막이 되어준다. 어미는 혼자 살기 시작하면서부터

그 틈에 앉아 똥을 싼다. 아무도 모르게 똥을 싼다.

오! 똥이여, 향기로운 순환이여

밖으로 나오면 하나로 합쳐지는 구조이긴 하지만 둘을 나눈 것은 매우 현명한 생각이었다. 생활하수에는 세제, 락스, 비눗물 등이 섞여 있어 정제해야 할 필요성이 있지만 정화조에서 흘러나오는 물은 똥오줌뿐이어서 농작물에 피해를 주지는 않는다.

그렇게 토란과 미나리를 키운 똥물은 마을 입구의 저수지로 흘러간다. 마을에는 두 개의 저수지가 있다. 계단식으로 된 저수지인데 산에서 흘러내려온 빗물과 마을 사람들이 쓰고 버린 물이 위쪽 저수지에 모여 1차 정화가 되고, 정화된 물은 아래 저수지로 내려가 다시 한번 정화된다. 유기물이 많은 위쪽 저수지엔 부들, 마름, 뗏장과 같은 수초가 빽빽이 들어차 있고 그 아래에서 수많은 물고기들이 번성한다. 아래 저수지는 유기물이 부족해 수초가 번성하진 못하지만 물이 맑아 일대의 농업용수로 활용된다. 농업용수로 활용된 물은 수로를 타고 바다로 흘러간다.

작은 마을의 하수처리 방식이지만 큰 도시에도 얼마든지 적용할 수 있을 법하다. 깨끗하기만 하다고 자연을 살리는 것은 아니다. '뭣이 중헌지' 다시 한번 생각해볼 일이다.

노부부를 만난 건 신메뉴를 개발해보자는 생각에서 비롯된 일이었다. 기름진 음식과 어울릴 만한 담백한 피자와 향기로운 샐러드를 개발해볼 요량으로 생잎 허브를 선택했는데, 시중에 유통되는 생잎 허브의 종류는 10여 년 전에 비해 보잘것없이 줄고 가격은 몇배나 뛰어올라 단가를 맞출 수 없는 수준이었다.

채소 도매상과 이야기해봐도 필요한 허브를 적정한 값에 구입하는 건 불가능해 보였다. 허브 종류가 줄어든 건 10여 년간 이뤄진 선택과 집중의 결과로 이해할 수 있지만 터무니없는 가격은 이해할 수 없었다. 시중에서 많이 소비되는 루콜라, 바질, 로즈메리, 여러 가지 민트류는 집중적으로 생산되는 허브일 텐데도 가격은 혀를 내두를 수준이었다.

유통 문제인가 생각했다. 생잎 허브는 여느 채소들에 비해 쉽게 숨이 죽는다. 신선도를 유지하기 위해 포장에 과도한 비용을 들이고 냉장으로만 유통하기 때문에 가격을 낮출 수 없는 것이라 여겼다. 가격이 높은 이유가 유통이라면 직거래를 통해 단가를 맞출 수 있으리라 생각했다. 수소문 끝에 전북 진안군에 위치한 허브농장을 찾아갔다.

올해 여든세살인 할아버지는 막 환갑을 넘긴 21년 전 허브농사를 시작했다. 평생토록 고단한 농사만 지어온 초로의 부부에게 허브는 향기로운 노년의 꿈으로 다가왔다.

"그때만 혀도 미래가 있다고 판단했었어. 전국에 허브농사를 짓는 집이 딱 두 집였는디 우리가 세번째로 짓기 시작헌 거여. 혀볼 만허것다 싶더라고. 그때는 또 젊었응게."

노부부는 허브농사에서 가능성을 보았다고 말했다. 시설을 늘리고 종자를 확보하는 데 총력을 기울였다. 2천 평 규모의 농지에 대규모 원예시설 하우스 5개 동을 짓고 200여 종의 허브를 길러내는 데 사력을 다했다. 유럽 각지에서 종자를 들여와 이 땅에 착생시키고 길러내는 것을 보람으로 여겼다.

저 멀리 이국땅에서 자라던 식물의 종자를 들여와 각각의 특성을 이해하고 그에 걸맞은 토양과 환경을 조성해 뿌리내리고 가지 뻗게 하는 일이 얼마나 지난했을지, 한편으론 얼마나 가슴 벅찬 시간이었을지 짐작이 가고도 남는다. 할머니의 말이다.

"이 양반이 이것 허것다고 얼마나 공부를 많이 혔는지 몰라. 저 책장에 꽂혀 있는 책들이 죄다 허브 책들여. 밤낮 그 생각만 허고 찾아보고 연구허고. 그러다 좋은 꼴도 못 보고 이렇게 늙어버렸어."

할머니를 바라보며 불편한 기색을 내비치던 할아버지가 말을 이었다.

"우리는 참말로 열심히 일만 혔어. 시설 허고 종자 사는 디다 돈도 많이 들이고. 농사만 잘 지어놓으믄 먹고사는 디 지장없을 줄 알았지. 근디 이노무 것이 팔려야 말이지. 농사는 잘 지어져서 하우스 안이 가득헌디 팔리딜 안 혀."

허브도 땅에 심어놓으면 자라고 번성해 꽃을 피우고 씨앗을 맺는 식물이다. 일전에 시금치와 미나리를 이야기할 때 말했듯이 연한 잎을 먹는 식물이 자라 줄기를 뻗고 꽃을 피우면 쇠어서 무가치한 것이 되고 만다. 하우스 바깥 맹지에는 씨가 떨어져 번성한 애플민트가 다시 씨앗을 맺고 있었다. 애플민트 줄기가 발끝에 차일 때마다 짙은 향기가 일렁거렸지만 쇠어버린

애플민트를 찾는 사람은 없다.

"재작년까지는 어찌어찌 농사를 지어볼라고 혔는디 인자는 둘 다 늙고 아퍼서 이 짓을 못허겄어. 미래가 없는디 자식헌티 이 짓을 허라고도 못허겄고. 이것들이 거짐 다 따뜻한 지중해 근방에서 온 것들이라 겨울에 난방을 혀줘야 허는디 난방비는 고사허고 인건비도 안 나와. 인자 그만허자 혀서 지난겨울에 난방도 안 틀고 내방쳐뒀덩만 다 얼어 죽고 로즈메리 정도만 남았어. 로즈메리는 찾는 사람이 있어서 그것만 살려놨어. 가끔 찜질방 허는 사람이 찾아와서 한 트럭씩 사간게 그것은 살려놔야지."

내가 농장에 찾아간 시간은 오후 2시 무렵이었다. 노부부는 오전에 밭일을 하고 잠시 쉬던 중이었는데, 밭일이란 허브를 가꾸는 일이 아닌 콩과 옥수수 등 푸성귀를 심어놓은 밭에 나가 김매는 작업이었다. 혹시라도 남아 있는 허브 중 필요한 것이 있을까 싶어 시설하우스를 둘러봐도 좋겠냐고 물었을 때 노인의 표정은 시무룩했다.

"둘러보는 것은 괜찮은디 그냥 혼자서 둘러봐. 농사지을 때 사람들 찾아오믄 데꼬 댕김서 뭐고 뭐고 설명도 혀주고 혔는디 인자는… 미안혀요. 설명도 혀주고 혀야는디, 미안혀."

시설하우스 다섯 동 중 두 동만 관리되고 있었고 세 동은 창고와 개집으로 쓰이고 있었다. 개집으로 쓰이는 시설하우스 안에는 저 알아서 일어선 페퍼민트와 스피어민트가 무성하게 뻗어났지만 곧 말라죽을 것으로 보였다. 관리되는 두 동에는 로즈메리로 가득 차 있었다. 그 또한 관리한다기보다는 죽지 않게 물만 주는 것으로 보였다. 그럼에도 내 키보다 높이 자란 로즈메리는 강인해서 땅속 깊이 뿌리를 내리고 하우스 안을 지키고 있었다.

하우스를 둘러보고 나왔을 때 노인은 농장 입구 나무 그늘에 앉아 나를 기다리고 있었다. 노인은 다시 한번 미안하다고 말했다. 나는 노인에게 로즈메리 몇그루를 살 수 있겠느냐고 물었지만 노인은 단호하게 거절했다. 노인의 설명은 이랬다.

"식물이란 것은 다들 뿌리가 있는 것이여. 화분에서 크던 놈들이 땅으로 뿌리를 내려서 그만치나 큰 것들이거든. 근디 그 뿌리를 잘러불믄 아래로 뻗은 뿌리만큼 나무도 죽는 것여. 이른 봄이믄 괜찮어. 이른 봄에는 야들도 한 해를 살아갈 준비를 허는 중이라 뿌리를 잘라도 다시 새 뿌리를 내릴 준비가 되어 있거든. 근디 요새 같은 한여름에 뿌리를 잘라불믄 야들도 대책이 없는 거라. 저 아래 뻗은 잔뿌리로 올해를 살어야겄다 마음먹고 살어가는디 잘라불믄 못 살고 죽어. 내가 자네한테 이것 팔자고 맘 먹으믄 팔 수야 있어. 나야 좋지. 근디 갖고 가서 일주일도 못 살어. 죽는 것여. 그런 거 뻔히 아는디 어떻게 팔

것는가. 봄이나 되믄 와서 사가. 그럼 안 죽고 살 것이네.”

얼마 전 어미는 매실을 수확했다. 한때 유행하던 매실청을 사람들은 더이상 담그지 않는다. 매실 20kg을 1만 1천원에 팔고 돌아온 어미는 나에게 말했다.

“저것 끊어 자쳐라.”

매실나무도 21년 정도 된 듯하다.

식물이란 것은 다들 **뿌리가 있는 것**이여.

화분에서 크던 놈들이 땅으로 뿌리를 내려서 그만치나 큰 것들이거든.

근디 그 뿌리를 잘러불믄 아래로 뻗은 뿌리만큼 나무도 죽는 것여.

빤쓰 벗고 덤벼라

장맛비는 사흘째 쉬지 않고 내리는데 처마 아래 우두커니 선 화분에는 비가 닿지 않는다. 화분에 심긴 율마 네 그루는 환장할 지경이다. '뭔 놈의 비가 이리 쏟아지냐'고 구시렁대며 처마 아래로 비를 피했을 때 마른 흙에 뿌리박고 비를 갈망하는 율마 네 그루가 눈에 들었다. 겨우 한 발짝 밖은 억수 같은 비가 쏟아지는데 처마 아래는 마른땅이다. 닷새 전, 휑한 가게 앞을 꾸미겠다며 내 손으로 들인 나무들인데 몹쓸 짓을 한 게 아닌가 하는 생각이 들었다. 서둘러 물뿌리개에 물을 받아 화분에 주는데 뿌리에만 주기 미안해 뻗은 가지와 잎에도 흠뻑 물을 끼었어주었다.

율마야 장마 가운데 가뭄이라지만 길 건너 공원에 선 나무들은 그런대로 살 만한지 잎도 짙푸르고 가지도 중구난방 저 좋을 대로 뻗대며 으스대고 있다. 그 건너, 저 멀리 전주천 너머 굽이굽이 솟고 꺼진 완산칠봉 짙푸른 숲에 안개가 걸쳐 있고, 전주역 뒤편으로 병풍처럼 펼쳐진 진안고원이 한눈에 들어온다. 늘 희끄무레 뿌옇게 보이던 고원이 한눈에 들어오는 것이 개안하기까지 하다.

여기, 그러니까 전주시 금암동 사대부고 사거리 횡단보도를 건너다 진안고원이 훤하게 눈에 들어오면 그것은 우연히 보이는 어느 멋진 풍경만은 아니다. 풍경이 눈에 드는 순간, 마음은 고원 안쪽 깊이 틀어박힌 어느 작은 개울가에서 살았던 기억에 가닿는다. 그래, 나는 멀리 보이는 풍경 안에 살아 있었다.

그곳에서 살아가는 생명은 다들 저 알아서 살았다. 멧돼지 새끼도 저 살고 싶은 대로 살았고 오소리도 저 살고 싶은 대로 으스대며 살았다. 저 알아서 뿌리내린 나무들이 옥신각신 하늘 향해 가지를 뻗는 사이 숲이 우거져 고원을 이뤘고, 이 고원으로 찾아든 이백오십육만칠천여 마리(그렇다고 세어본 건 아니다)의 새들은 비 그친 날 아침이면 고원이 들썩거리도록 웅성거리고 지저귀었다. 나는 거기서 실오라기 하나 걸치지 않고, 불알을 덜렁거리며 뛰어다니고 첨벙거렸다. 사람의 눈으로 보자면 쯔쯧 혀를 차거나 짐승보다 더한 악귀쯤으로 여기며 공포에 질릴지 모르지만 고원에서 살아가는 생명들의 눈에는 살아서 움직이는 또다른 생명 하나로 보였을 것이다.

고원에 살던 생명들은 살고자 하는 의지를 강하게 내비치는 다른 생명을 쉽사리 해치려들지 않았다. 언제나 내 주변에 머물러 나를 지켜보며 발모가지라도 접질려 옴짝달싹 못할 날을 기다리는 눈치기는 했지만 두 발로 땅을 딛고 일어서 크게 소리치며 '나 아직 살아 있음'을 각인시키면 비록 벌거숭이라도 고원을 이루는 또다른 생명으로 인정하고 제 삶을 살아갔던 것이다.

고원에서 내려와 도시에서 살아가는 나는 벌거벗을 수도 소리 지를 수도 없게 되었다. 겨우 한다는 짓이 '빤쓰' 정도 안 입고 사는 거다. 세상살이 어느 정도는 다 견디고 살 수 있겠는데 빤쓰 입는 것은 참말로 고역이다. 겨울에는 바지가 두꺼워 고역이고 여름에는 후텁지근해서 고역이다.

그래서 대부분의 날들을 살아가는 동안 빤쓰를 입지 않고 사는데 도시에 사는 인간이란 생명들은 그 꼴도 못 봐주겠는 모양이다. 자꾸 본다. 바지 입고 셔츠 입었으니 벌거숭이도 아닌데 바지춤 아래서 덜렁거리는 그것을 잘도 찾아내 물끄러미 바라보거나 힐끗거리며 눈여겨본다. 그 시선, 마치 발모가지라도 접질려 옴짝달싹 못할 날을 기다리는 짐승들의 그것과 비슷하다. 남녀노소 별반 다르지 않다. 먹잇감을 바라보는 시선이 아닌, 영역을 침범한 다른 생명체를 바라보는 그 시선 말이다.

짐승은 물리적 영역에 침범한 낯선 자를 경계하는 눈빛일 테지만 사람은 심리적 영역에 침범한 이방인을 경계하는 눈빛이다. 사회질서라는 수많은 영역 중에 빤스와 브라자(브래지어)는 꽤나 고급진 영역에 속하는 듯하다. 불편해도 참고 살아가는 것을 당연한 것으로 여기며 우리와 같은 불편함을 견디지 않는 너는 비난받아 마땅한 이방인쯤으로 여기니 말이다. 그럼에도 불구하고 이러한 암묵적 사회질서 속에서 나날이 발전시켜온 안목(말하자면 빤쓰 안 입은 남성과 브라자 안 입은 여성을 구별해내는 위대한 투시력)을 견디며 살아갈 수밖에 없다. 사람의 시선에서 느끼는 불편함보다 빤쓰를 입고 느끼는 불편함이 더욱 크므로 나를 조금은 덜 불편하게 하는 사람들의 시선을 사타구니에 걸치고 다닐 수밖에.

서울 사는 그녀는 치마를 입고 집을 나서는 날마다 내가 느꼈던 불편한 시선을 느낀다고 말한다. 바지를 입고 나선 날과는 확연히 다른 그 시선이 때때로 짐승의 이빨보다 더한 폭력으로 느껴질 때가 많은데, 그 시선은 젊은 여자와 늙은 여자를 가리지 않는다고도 말한다. '브라'를 입지 않고 얇은 셔츠를 입은 외국의 어느 모델이 멋져 보이긴 해도 그 시선 앞에선 언

감생심. 그녀는 차라리 불편함을 감수하고서라도 그 시선으로 부터 자신을 보호하는 편이 자존감을 지키는 길이라고 말했다.

이튿날 율마의 잎은 말라 있었다. 잎이 마르는 데는 여러 이유가 있겠지만 가장 큰 이유는 줄기와 잎에 흠뻑 물을 주었기 때문인 것으로 보인다. 율마를 키우는 방법은 이렇다고 한다. 물을 좋아하는 식물이긴 하지만 잎에 물이 닿는 것은 싫어하기 때문에 뿌리에는 하루도 빠짐없이 물을 줘야 하고 잎은 분무기로 가볍게 적셔주기를 게을리하지 않아야 살 수 있다고. 율마를 살리기 위해 인터넷을 뒤적거리던 나는 도대체 이런 조건이 자연에 존재하기는 하는지 의구심이 들었다. 어떻게 멸종하지 않고 지구상에 살아남아 가게 앞 처마 밑에 놓이게 되었을까. 신화 속에나 존재하는 식물 같기도 하고 말로만 들어본 백 년 묵은 산삼 같기도 하다.

이런 생각도 해보았다. 어쩌면 율마는 집고양이 같은 것일지도 모른다고. 길 밖으로 내몰면, 고원 어딘가에 땅을 파고 심어놓으면, 집고양이가 길고양이가 되듯, 어떻게든 죽지 않고 살아남아 편백처럼 숲을 이룰 식물일지도 모른다고.

한편으론 율마가 뿌리내리지 못하고 며칠 만에 죽어버릴지 모른다는 생각도 했다. 비 맞지 않는 도시의 정원과 실내에서 살아가는 데 최적화된 식물을 홀랑 벗겨 폭우 속에 내놓으면 견디지 못하고 죽어버릴 것이라고. 그렇게 율마와 편백은 다른 삶을 살기 시작했다고. 여기 이 도시에서 살아가는 우리는 식물의 본성을 차단당한 율마일지 모른다고. 목마르지만 물이 싫듯, 자유롭고 싶지만 언제나 빤쓰와 브라를 입고 질서라는 처마 아래서 아름다움을 강요받으며 살아야 하는지도 모른다고. 그렇지 않으면 쏟아지는 거친 시선을 맞고 말라죽어버릴지도 모를 일이라고.

밥상 얘기 하다 뜬금없는 빤쓰냐고 말할 테지만, 식당 앞에 놓인 율마를 내려다보다 그런 생각이 들었다. 다소곳함을 강요받고 살아온 우리가 계속해서 이렇게 살아간다면 율마 같은 식물이 되어버릴지도 모른다. 이 아름다운 식물이 가진 부조리가 우리를 꼭 빼닮은 듯해서 이야기해보았다.

다소곳함을 강요받고 살아온 우리가
계속해서 이렇게 살아간다면 율마 같은 식물이 되어버릴지도 모른다.

빈부빈부(貧夫貧富)

염전 한가운데 보루꾸(가운데 구멍을 내 시멘트의 양을 줄인 시멘트 블록)로 담 올리고 슬레이트로 지붕 얹고 연탄보일러 깔아놓은 외딴 단칸방이 있었다. 본디 염부들 일하다 지치면 잠시 등 대고 누워 쉬거나 눈비 쏟아지면 피신할 수 있도록 지어놓은 움막이었다.

그런 움막에 살림을 들이고 두 자식을 키우는 부부가 있었다. 전귀남씨 부부. 슬하에 두 아들 종학과 영학이 있었다. 나는 이 집의 막내아들 영학이와 같은 마을에서 며칠 터울로 태어나고 자란 동갑내기였다. 우리는 늘 붙어다니며 놀았고, 종종 놀다 지치면 나는 그의 집에서 밥 얻어먹고 어두워지면 잠을 잤다.

출입문을 열고 들어서면 왼편에 방으로 들어가는 쪽문이 하나 있고 그 옆으로 연탄보일러가 자리잡고 있었다. 출입문 오른편에는 보루꾸로 쌓고 시멘트로 미장한 부뚜막이 자리했는데 그 위에는 갖가지 양념통과 냄비, 밥그릇 등과 더불어 석유풍로 한 대가 버티고 있었다. 이것이 부엌 살림살이의 전부였다. 장독대는 슬레이트 지붕 아래, 수도는 마당에, 쌀통은 방 안에 있었다.

살림살이가 이러함에도 끼니때가 되면 영학이 어머니는 근사한 밥상을 차려냈다. 우선 씻은 쌀을 연탄불 위에 올려 밥을 짓기 시작했다. 연탄불 위에 밥솥을 올리고는 석유풍로 심지에 성냥을 그어 불을 붙이면 매캐한 연기가 방 안까지 번지는데 나는 그 냄새가 밥냄새처럼 좋게 느껴졌다(지금도 석유 타는 냄새가 싫지 않고 때때로 식욕을 당길 때가 있는데 석유풍로 위에서 만들어진 수많은 음식들 때문일 것이다). 검은 연기가 피어오르던 석유풍로에 바람구멍을 조절하면 불꽃이 사뭇 파래지는데 그때부터 풍로 위에서 여러 음식이 만들어진다.

우선 국이나 찌개를 풍로불 위에 얹어 끓인다. 콩나물국처럼 금세 끓이는 국은 풍로에서만 끓이고 김치찌개나 된장찌개처럼 오래 끓여야 하는 것은 뜸 드는 밥솥을 연탄불 위에서 내리고 냄비를 올려 더 끓였다. 국이 다 끓고 나면 김치부침개나 부추전, 달걀프라이, 달걀물 바른 소시지 등을 풍로불에 부쳐냈다. 아주 가끔은 불고기를 볶기도 했다. 연탄불에서 국이 다 끓으면 솥을 내리고 들기름 바른 김을 굽고 바로 앞 뚝방 너머 바다에서 잡아 말린 망둑어나 숭어를 굽기도 했다. 밥을 뜸들일 때 새우젓으로 간한 달걀물을 밥솥 안에 넣어 달걀찜을 만들고 고춧가루만 뿌린 간고등어나 싱싱한 조개를 밥 위에 얹어 찌기도 했다. 밥의 열기로 만들어지는 음식이 그뿐이던가. 밥을 뜸들일 때 호박잎을 얹었거나 밤·감자·고구마 등을 얹어 찌기도 했으며, 식은 강된장과 국을 덥히기도 했다.

네 식구가 둘러앉아 그렇게 지은 밥을 먹었다. 나는 가끔 그 틈에 끼어 밥을 얻어먹었고 밥상 치운 단칸방에서 네 식구가 달라붙어 잠들 때 그 틈에서 자기도 했다. 염전 들판에 홀로 선 외딴집에 변변한 가림막 하나, 담장 하나 없었으므로 겨울이 시작되면 북서풍이 지독하게 매서웠다. 방 안으로 찬 기운 스멀스멀 밀려들면 벽에 담요를 덧대고 서쪽으로 난 창문을 틀어막아 온기를 보전했다. 연탄보일러, 두꺼운 솜이불, 네 사람의 온기로 7년을 살아냈다.

부부는 7년간 소금에 몸을 녹였다. 누구보다 이른 시간에 염전으로 나갔고 누구보다 늦게 집으로 돌아왔다. 그랬던 만큼 누구보다 많은 양의 소금을 거둬들였다. 소금 팔아 번 돈은 식구들 밥 먹이고 자식들 학교 보내는 데 말고는 쓰지 않았다. 누가 보더라도 아금박스럽게 모은 돈으로 군산 시내 신축 아파트 한 채를 분양받아 이사했다. 우리가 중학생이 되던 해였다.

이사하고 첫 주말이 되던 날 나는 아파트로 찾아갔다. 신축 아파트라 집집마다 이삿짐을 들이느라 정신없어 보였다. 대부분의 집들이 엄청나게 많은 이삿짐을 집 안으로 들이고 있었고 차마 버리지 못하고 싸들고 왔다 자리를 잡지 못하고 버려진 장롱, 세탁기, 냉장고 따위도 주차장에 가득 쌓여 있었다.

문을 열고 들어선 아파트에는 두 형제만 있었다. 친구의 부모는 그날도 염전에 나가 일하고 있었다. 부부는 염전이 문 닫을 때까지 염부로 살았다. 집 안은 휑했다. 정말 아무것도 없는 듯했다. 거실에 TV 한 대, 주방에 냉장고 한 대가 있었다. 두 형제가 사용하는 방에 책상 두 개가 놓여 있었다. 그것 말고는 없었다.

보일러를 켜지 않은 집은 추웠고 먹을 것도 없었다. 집 안에선 할 게 없어 놀이터에 나갔지만 드넓은 염전이 놀이터였던 우리에게 아파트단지 내 작은 놀이터는 보잘것없었다. 이웃 없는 염전의 단칸방을 들락거릴 때 단 한 번도 초라하다고 느껴본 적 없었는데 수많은 집들이 이웃한 곳에서 상대적인 초라함을 느꼈다. 이것이 내가 처음 느꼈던 빈부격차였다.

시골마을에선 단출한 이삿짐을 싸들고 도시로 떠나는 그들

부부는 7년간 소금에 몸을 녹였다. 누구보다 이른 시간에

염전으로 나갔고 누구보다 늦게 집으로 돌아왔다. 그랬던 만큼 누구보다 많은

양의 소금을 거둬들였다. 소금 팔아 번 돈은 식구들 밥 먹이고

자식들 학교 보내는 데 말고는 쓰지 않았다.

에게 아낌없는 갈채를 보냈다. 시기하거나 빈정거리는 사람은 아무도 없었다. 그들이 마을과 외떨어진 변방에서 7년간 어떻게 살았는지 온 마을 사람들은 잘 알았고, 부부가 어떻게 피땀 흘려 아파트 한 채를 마련했는지도 두 눈으로 지켜보았으므로 진심을 다해 환송했다.

그러나 내 눈엔 다시 가장 못한 삶이 되어버린 것처럼 보였다. 풍요로웠던 식탁엔 식은 밥과 라면만 있었고 한자리에 둘러앉아 밥 먹으며 나눴던 온기는 사라지고 없었다. 부부는 새롭게 마련한 집과 자라는 아이들을 건사하기 위해 매일같이 버스를 타고 염전으로 향했고, 이른 아침부터 밤늦게까지 전에 살던 단칸방에서 지냈다. 일이 많은 여름철에는 집으로 돌아가지 않고 염전에서 밥을 지어먹고 잠을 자며 일했다. 자연스럽게 두 형제는 저희들 알아서 밥 먹고 학교 가며 도시의 삶을 배워나가야만 했다.

나와 그녀는 작은 소망 하나를 붙들고 오늘을 견뎌내는 중이다. 돈벌이에 인생을 낭비하는 것을 세상에서 가장 쓸데없는 짓거리라 일갈했던 나는 근래 내가 할 수 있는 최선을 다해 돈벌이에 열중하고 있다. 적금이란 걸 처음 들어보았고 다달이 늘어나는 숫자가 뿌듯하기도 하다. 이렇게 내 스스로를 부정하며 우리가 소망하는 것 또한 집이다. 어딘가에 있을지 없을지 모를 무욕의 땅을 마련해 그 위에 두 사람의 힘만으로 기둥 세우고 돌 쌓아올리고 흙 이겨발라 집을 지어보자는 소망을 앞에 두고 도시에서 사투를 벌이고 있다.

그렇게 돈벌이에 열중하느라 도무지 몸을 가누기도 어려울 만큼 지쳐버린 어느날, 염전을 떠나기 위해 그곳에서 사투를 벌였을 부부가 떠올랐다. 도시를 떠나기 위해 도시 안에서 사투를 벌이고, 무욕의 땅을 찾기 위해 욕망으로 가득 찬 도시의 중심에서 길을 구하는 우리는 과연 각자의 자존감을 잃지 않고 목적지에 가닿을 수 있을까. 아마도 그러해서 사투일 것이다.

나는 죽기로 각오한 이 싸움에서 살아남기를 바란다. 7년 만에 집을 얻은 그들처럼 목적한 바를 이루기 바라지만 다시 염전으로 돌아가 염부로 살아가고 싶지는 않다. 다시 도시에서 밥을 팔아 밥을 벌고 싶지 않다.

대한민국 원주민의 여름

아침에 눈떠 창문 열고 밖을 내다봤더니 건너편 빌라 옥상에서 중년 남자가 그물 손질을 하고 있었다. 그의 아내로 보이는 여자는 그물에서 떼어낸 자잘한 물고기들을 모아 아이스박스에 담았다. 그물은 가느다란 나일론 줄로 얽은 자망이었는데 그물코 사이사이에 은빛 물고기들이 제법 박혀 있었다.

장마철 저수지 물이 불어 넘치면 물이 흘러드는 자리에 자망을 펼쳤다. 짧게는 10여 미터, 길게는 50여 미터 가량 그물을 펼치고 하룻밤을 기다렸다 다음날 새벽 그물을 걷어올리면 그물코 여기저기에 붕어, 잉어, 빠가사리, 가물치, 메기 등이 묵직하게 걸려들어 퍼덕거렸다. 그러면 지느러미와 아가미가 그물 코에 엉겨붙은 물고기를 떼어내 이집 저집 나눠주거나 마을회 관에 모여 함께 끓여 먹었다. 내가 살던 마을은 평야인 데다 바다와 가까운 강의 하류 지역이라 피리, 동자개, 민물새우 같은 어종은 잡히지 않았다. 크고 억센 고기가 많아 어죽은 끓이지 못하고 주로 시래기나 묵은지를 넣고 지져 먹었다.

전주는 완주, 임실, 진안, 무주, 장수와 같은 내륙 산간지방과 인접한 도시다. 도시를 가르는 전주천은 완주와 임실에 위치한 계곡에서 내려온 물이 모여 흐르는지라 차고 맑다. 이 물에는 작고 재빠른 다양한 물고기들이 산다. 전주에는 고창, 부안, 군산과 같은 해안가에 살다 이주해온 사람도 많지만 산간지방에서 온 사람이 태반이다. 여름 되면 개천에 자망 펼치고 족대 들고 개울물에 뛰어들어 낚아올린 물고기들로 어죽 끓이고 국수 말아 먹는 짓을 한여름 몸보신으로 여기며 자란 사람이 꽤 모여 사는 거다.

아무리 어로 행위를 금지하고 벌금을 매긴다 위협해도 하던 짓을 안 하고는 못 산다. 아마도 중년 부부는 밤중에 어둠을 뚫고 강으로 나갔으리라. 남자는 사려진 그물 끝 나일론줄을 붙잡고 가슴까지 차오르는 강물을 건너 그물을 펼치고 집으로 돌아와 새벽이 오길 기다렸을 테지. 동트기 전, 인적 없을 어스름한 새벽에 다시 강으로 나가 그물을 걷어올리자 그물코에는 피리, 납자루, 종개, 붕어, 얼씨구나 동사리도 몇마리, 횡재했구나 쏘가리 다닥다닥 들러붙어 올라왔을 테다. 부부의 얼굴 얼마나 환하게 피어났을까. 빨랫줄에 그물 걸어놓고 그물코 손질하는 아저씨, 하얀 난닝구에 알록달록 트렁크 빤쓰 입고 도심의 빌라 옥상에서 그물코 손보는 배 나온 아저씨가 자못 늠름한 어부처럼 보였다.

그렇게 잡아온 물고기 혼자 먹을 성싶은가. 여기저기 흩어진 고향 사람들 불러들여 어죽 한솥 푸지게 끓여 먹을 테지. 어죽 한그릇 먹자는 전화에 이 사람 저 사람 군침 흘리며 쫓아올 테지. 한 손에 소주 들고 다른 한 손에 수박 한 덩이 들고 쫓아올 테지. 더러는 막걸리 들고 또 더러는 빈손 맨입으로 발길 하는 사람 있어도 푸지게 먹고도 남을 것인데 그것이 뭔 상관.

강원도 백병산에서 발원해 동해, 삼척을 가르고 바다로 흘러가는 오십천을 곁에 두고 살아가는 사람들은 오십천에서 물고기를 잡아먹고 산다. 도계에서 동해, 정동진, 강릉으로 나아가는 철로 옆 오십천 어느 굴곡진 자리에서 나는 보았다. 한 사람이 물 흘러가는 방향으로 족대 펼치고 버텨서면 다른 한 사람은 쇠뭉치 지렛대를 바위 틈에 끼워넣고 들썩거린다. 바위 틈에 숨어 살던 작은 물고기들 이게 뭔 일인가 싶어 허둥지둥 튀어나오면 족대 펼치고 있던 사람 그물을 들어올려 물고기를 낚았다. 초여름이고 휴일이던 그날 두 사람은 잡어 한 양동이 잡아들고 마을로 돌아갔다.

"그것으로 뭐 해먹어요?"

"어디서 오셨데요?"

"전라도 전주서 왔는됴….."

"거기 사람들은 이런 거 안 먹고 산데요? 물어보나 마나 어죽 아니드레요. 쐬주 한잔하기에 이만한 게 어디 있기나 하데요, 허허허."

오십천 돌아 강릉 사천해변으로 넘어갈 때는 무더위가 시작될 무렵이었다. 마을 부녀회와 청년회에서 운영하는 해수욕장을 개장하던 날, 마을 사람들은 해변에 모여 고사를 지냈는데 손님을 위해 준비한 음식이 어죽이었다. 드넓은 동해를 앞에 두고 살아가는 사람들이 민물고기 어죽이라니. 사천해변 옆으로는 오대산에서 발원해 동해로 향하는 사천천이 흐르는데 바다에서 오만 가지 수산물을 거둬먹고 살아가는 사람들이라 해도 여름철 보양식은 민물고기 어죽만 못한 모양이었다.

이른 아침부터 인근 마을에 사는 아낙들이 해변에 모여 커다란 솥을 걸고 어죽을 끓이기 시작했다. 이전에 몇번 어죽을 얻어먹긴 했어도 어죽 끓이는 것을 처음부터 지켜본 것은 그날이 처음이었다. 청년들이 새벽에 사천천에서 잡아온 잡어 한 양동이를 끓는 물에 넣어 무르게 삶은 뒤 소쿠리에 받쳐 으깨었다. 삶은 고기를 으깨며 물을 부어 살코기를 흘려보내고 뼈

　　한 사람이 물 흘러가는 방향으로 족대 펼치고 버텨서면 다른 한 사람은

쇠뭉치 지렛대를 바위 틈에 끼워넣고 들썩거린다.

　　　　바위 틈에 숨어 살던 작은 물고기들 이게 뭔 일인가 싶어

허둥지둥 뛰어나오면 족대 펼치고 있던 사람 그물을 들어올려 물고기를 낚았다.

와 가시를 골라냈다.

그렇게 걸러낸 뽀얀 국물에 된장, 고춧가루, 계피 등으로 양
념하고 대파와 부추를 듬뿍 넣어 끓여낸 어죽을 마을 어르신
들과 해수욕장을 찾은 사람들에게 한그릇씩 나눠줬고 내 앞에
도 한 사발 내주었다. 내 옆자리엔 나이 아흔을 바라보는 그 마
을의 최고령 노인이 앉아 있었는데 잔치상 위에 푸짐하게 차
려진 기름진 고기와 통닭, 떡과 과일 등은 손대지 않았다. 노인
은 평생을 먹고 살아온 어죽과 오징어회, 그리고 소주 반병에
흐뭇해했다.

좁은 땅덩이 그 더위가 그 더위일 텐데 어디서는 "개 혀야
여름 가유" 하고, 어디서는 "민어탕 한 사발 못 먹고 워치케 여
름을 난다냐" 하고, 또 어디서는 "전복, 해삼 두툼하게 썰어 넣
은 물회 한그릇은 무야 여름 간다 아입니꺼" 한다. 올해도 사천
해변, 오십천을 끼고 살아가는 사람들은 옥상어부처럼 맑게 흐
르는 강물에 기대어 여름을 이겨내고 있을 테다.

나는 언젠가부터 이렇게 입맛 없고 기운 없는 날이면 지독
하게 비린 것이 생각난다. 골탕하게 삭은 성게알젓, 웅어젓, 비
린내 물씬 풍기는 생고등어찜. 이것들이면 앞으로 50년은 무
탈하게 여름을 날 것 같다.

대한민국 원주민들이여 다들 무탈하십니까? 입에 맞는 좋은
음식 먹으며 무더위 견뎌내길 바랍니다.

마당쇠

마당쇠는 강원도 평창의 깊은 산골에서 태어났다. 어미는 청삽
살이고 아비는 황삽살인데 둘 사이에서 태어난 마당쇠는 얼굴
은 어미의 털을, 몸은 아비의 털을 받아 얼핏 수염이 덥수룩한
애늙은이처럼 보이기도 한다.

마당쇠의 부모는 산골에서 사냥개로 살아간다. 둘은 고라니
나 노루는 물론이고 멧돼지도 사냥하는 사나운 개들인데 그러
한 용맹함과 사나움을 개주인은 매우 대견스럽게 여기며 자랑
스러워했다.

마당쇠는 태어난 지 한 달 만에 나에게 왔다. 이제 막 젖니가

올라오던 어린 강아지였지만 사납기도 했거니와 삽살개 특유의 도도함까지 느껴지는 만만찮은 녀석이었다.

　그녀와 나는 강아지를 받아들고 전주로 내려오는 길에 마당쇠라는 이름을 지어주었다.

　할머니는 슬하에 6남매를 두었는데 아들 하나를 6세에, 딸하나를 5세에 먼저 떠나보내고 4남매를 건사했다. 6남매 중 둘째 아들과 셋째 딸을 이른 나이에 떠나보낸 건데 그 중 아들의 이름이 시렁쇠였다. 사발과 종지 따위를 얹어두던 '시렁'과 사내아이를 낮춰 부르던 '쇠'를 붙여 지은 이름이었다. 일부러 천하고 볼품없이 지은 이름이었노라고 할머니가 들려주던 인생사의 대략 3절 즈음은 이렇게 시작된다.

　"느그 아부지 다음으로 낳은 아가 시렁쇠였어. 어찌나 아가 실하고 영특허든지… 아를 낳았는디 사주가 안 좋다는 거여. 달리 안 좋은 것이 아니라 하눌님도 두려워헐 천기를 받고 태어났다는 거여. 그런 천기를 받고 태어났는디 왜 안 좋냐 허이면은 그 기운이 너무 씨다본게는 천지신명도 이 아가 무서웠던 거라. 긍게 야가 자라서 으른이 되믄 누구도 못 말기는 사람이 된다는 거여. 긍게 천지신명으로서는 다 크기 전이 그 싹을 잘라야 쓸 거 아니냐. 그려서 일찍 죽을 팔자라능 거여. 긍게 야를 살리고 잡으믄 뭐시든지 천허게 천허게 혀야 천지신명이 그 싹을 못 알아보고 살려둔다는 것이지. 우선 이름부텀 천허게 지야 헌다고 혀서 당장 눈에 뵈는 것이 시렁이더라고. 검불 내려앉고 누구하나 거들떠보는 사람 있냐. 누가 시렁을 보겄어. 그릇을 보덩가 밥을 보지. 그려서 느그 할아버지헌티 시렁이라고 짓자 했더니 뒤여다 쇠를 붙이덩만. 시렁쇠. 그 뒤로 참말로 이름같이 컸어. 잘 입히지도 않고 잘 먹이지도 않고. 그렸는디도 아가 말도 잘혀, 등치도 좋아, 못 먹었어도 낯빛도 여간 아닌 것이 참말로 이뻤다 잉. 참말로 타고난 기운이란 것이 있기는 있는 것인가벼… 그렇게 저 알아서 잘 크고 이뿌던 것이 여섯살 먹고는 하루아침이 병들어 죽어버렸어. 무슨 병인지도 모르고 그렇게 죽어. 참나… 시렁쇠야 시렁쇠야… 아이고 우리 시렁쇠는 60년도 넘게 어미 기다리고 있을 거인디 나는 왜 안 죽고 이 세월을 살고 있는가 모르겄네…."

개 팔자에 사주 따위가 어디 있겠느냐마는 어려서 처음 마주했던 강아지들의 모습에서 드센 고집과 늑대새끼와 같은 야수성이 느껴졌던 것이다. 이러한 성질은 사람과 함께 살아가는 개에겐 단명의 원인이 된다. 이웃의 염소와 개를 물어죽인 사나운 개는 마지막 물어죽인 염소와 함께 솥에 들어가는 신세가 되었다. 채 2년을 살지 못했다. 사람을 두 번 이상 문 개는 때려죽여 먹지도 않고 땅에 파묻었으며 그러한 험상궂은 짓을 하지 않을 개일지라도 밭에 들어가 농작물을 짓밟거나 마당을 파고 담장을 허물어뜨린 개는 목줄에 메이거나 개장수에게 팔려나갔다. 어린 시절 집에서 키우던 개의 팔자란 이런 것이었지만 이 강아지만큼은 제 목숨이 다하는 날까지 저 생긴 대로 살아가길 바랐다. 앉으라면 앉고, 먹이를 앞에 두고 기다리라면 기다리고, 짖고 싶은데 짖지 못하도록 수술을 시켜서까지 나와의 공존을 바라는 것은 아니었다. 똑똑하지 않아도 되고 사람 말귀 못 알아들어도 괜찮다 여겼다. 짖어도 좋고 버르장머리 없어도 된다. 차 조심할 줄 알고 사람이나 짐승 해치지 않을 정도면 그만이란 생각에 마당쇠란 이름을 지어준 것이다.

전주로 데려온 지 한 달 즈음 되던 날이었다. 모든 강아지가 그럴 테지만 물고 깨무는 걸 하루 일과로 삼던 어린 시절이었다. 소파에 걸쳐놓은 옷을 깨물고 있어서 손으로 엉덩이를 때렸더니 으르렁거리며 때린 손을 물었다. 그간에도 무는 일이야 다반사였지만 그 날은 먹잇감을 빼앗기기라도 한 양 사납게 으르렁거리며 손을 물었는데 혈관이 터져 피범벅이 되고야 만 것이다. 지금 생각해보면 그것이 여간 아니게 서러웠던 모양인데 그때는 이해하지도 이해하고 싶지도 않았다. 못된 버르장머리 그 자리에서 고쳐야겠다고 다짐하고 신고 있던 슬리퍼를 집어 들고 마당쇠를 내리쳤다. 내려치는 슬리퍼를 물어뜯으며 저항하던 마당쇠는 다시 한번 손을 물었고 다른 혈관 하나가 또 터져서 피가 뿜어져 나왔다. 그 순간 어린 시절 아비가 때려

죽인 개가 떠올랐다.

"사람 무는 개는 죽여야 혀!!"

마당쇠의 목덜미를 붙잡고 내리쳤다. 손에서 흘러내린 피가 마당쇠의 얼굴을 물들였다. 마당쇠의 입에서도 피가 났고 눈은 붉게 충혈되었다. 마당쇠는 계속해서 이빨을 드러내며 저항했지만 작은 몸은 바들바들 떨고 있었고 오줌을 지리며 두려워하고 있었다. 나는 더이상 때릴 수 없었다. 겁에 질려 떨고 있는 모습을 보며 연민이 느껴진 것은 아니었다. 아무리 두렵고 오줌 지릴 만큼 겁이 나는 상황이라 하더라도 생겨먹은 대로 악을 쓰며 덤비는 본성이 나를 일깨웠다. 물어뜯고 거칠게 덤벼드는 이놈은 사람이 아니라 개였다. 개로 살아가길 바라며 데려온 강아지인데 왜 사람의 잣대로 개를 대하고 있는가 하는 부끄러움이 나를 사로잡았다.

개를 키우는 것은 사람의 아이를 키우는 것과는 정반대의 방향으로 나아가는 과정일지 모른다. 똥오줌 치우고 새로운 것을 가르치고 놀아주고 칭얼대고 치대는 것을 몸으로 받아주며 길러내는 과정은 같을지 몰라도 사람새끼는 헤어짐을 전제로 키우고 가르치지만 개는 영원한 공존을 전제해야만 한다. 말하자면 사람은 성인이 되어 홀로 설 수 있는 방법을 가르치는 데 방점이 찍히는 것에 반해 개는 누구 하나 먼저 죽는 날까지 함께 살아가는 방법을 찾는 데 방점을 찍는 것이다. 어쩌면 아이

개를 키우는 것은 사람의 아이를 키우는 것과는 정반대의 방향으로

나아가는 과정일지 모른다. 똥오줌 치우고 새로운 것을 가르치고

놀아주고 칭얼대고 치대는 것을 몸으로 받아주며 길러내는 과정은

같을지 몰라도 사람새끼는 헤어짐을 전제로 키우고 가르치지만

개는 영원한 공존을 전제해야만 한다.

마당쇠

를 키우는 일보다 큰 업보를 스스로 짊어진 것일지도 모른다는 생각을 그 피비린내 나는 싸움 끝에 깨닫게 된 것이다. 무는 버릇은 때려서 고칠 수 있을지 몰라도 개의 다른 모든 행동이 수동적이고 자연스럽지 못하다면 그까짓 물린 상처 따위보다 더 큰 고통을 짊어지고 개와 함께 살아가야 하지 않겠나. 모든 행동에 주인의 눈치를 본다면 그것이 무슨 공존이고 동반이란 말인가.

나는 그 뒤로 마당쇠를 때리지도 가르치려들지도 않았다. 사람의 말을 가르치는 대신 몸짓을 알아들을 때까지 기다렸고 마당쇠가 하는 몸짓이 무슨 의미인지를 알아내기 위해 심혈을 기울였다. 가끔 책이나 다큐멘터리를 참조했지만 마당쇠는 마당쇠 나름의 성격과 특징이 있어 들어맞지 않는 부분들이 많아 그만두고 나의 관점으로 마당쇠를 바라보았다.

마당쇠는 제가 앉고 싶을 때 앉고 오고 싶을 때 오고 짖고 싶을 때 짖고 자고 싶을 때 자고 먹고 싶을 때 먹는다. 고함을 쳐하지 못하게 하는 짓은 딱 두 가지 뿐이다. 찻길에 뛰어들 때와 사람에게 덤벼드는 것. 저는 좋다고 사람들에게 덤벼들어 붕가붕가를 일삼지만 덩치 큰 개가 덤벼들면 기겁을 하는 사람이 태반이라 그것만은 하지 못하도록 한다. 그것 말고는 무슨 짓을 하건 그대로 내버려두고 지낸 지 7개월이 지나자 마당쇠는 마당쇠 스스로 나와 공존하는 방법을 터득하기 시작했다. 내가 마당쇠를 관찰하고 마당쇠의 성향을 파악해나가는 것만큼 마당쇠도 나를 관찰하고 인간과 공존하면서도 자존을 지키기 위해 노력하고 학습해나간다. 처음에는 똥오줌을 가리기 위해 나를 핥아 깨우거나 문을 발톱으로 긁어 제 뜻을 전하더니 이제는 생활패턴을 이해하고 생체리듬을 조절해 일을 본다. 나의 표정과 행동을 보고 놀이를 하자는 건지 기다리라는 건지를 스스로 결정한다. 일을 하고 있으면 옆에 앉아 기다리고 쉬는 것 같으면 다가와 못살게 군다.

반면 마당쇠는 여전히 문다. 그렇다고 무는 버릇을 고칠 생각은 없다. 의도적으로 무는 것이 아니라 장난을 치다 저도 모르게 무는 것이지만 당하는 나는 매우 아프다. 며칠 전엔 손목을 물어 구멍이 뚫리고 피가 철철 나더니 이제는 손목 전체에 멍이 퍼지고 있지만 그러려니 한다. 개의 입은 사람의 손과 같다. 내가 나의 손을 자유자재로 사용하기까지는 20년도 넘게 걸렸다. 아직 서툴다보니 저도 모르게 힘조절이 안 된 것일 게다. 장난을 치다 손목을 물고나선 짐짓 미안했는지 핥아주기까지 했다. 자고 있을 때 핥아 깨우는 건 싫다는 뜻을 몇번 내비치자 이젠 나보다 먼저 일어나는 법이 없다. 언제나 내가 깨워야 눈을 뜬다. 참으로 개답지 않지만 그러려니 한다. 자고 있는 마당쇠의 머리를 쓰다듬으며 "마당쇠 잘 잤어?"라고 물으면 이렇게 말하는 듯 나를 바라본다.

마당쇠

"시바야. 잠 좀 자자. 그리고 머리 좀 만지지 마라."

그렇다. 마당쇠는 개답잖게 머리 쓰다듬는 걸 매우 싫어한다. 이제 다 자라 30kg 가까이 나가는 개지만 여전히 들어 안아주고 등에 업어주는 걸 좋아한다. 남자보단 여자를 좋아하고(이건 대단히 노골적이다) 남자든 여자든 가리지 않고 똥꼬냄새 맡는 걸 즐긴다. 시끄러운 음악을 틀면 마당으로 나가 듣기 싫다는 말을 몸으로 표현하지만 수프얀 스티븐스의 「일리노이스」 앨범을 들려주면 다시 안으로 들어와 잠을 청한다. 이 앨범은 마당쇠 어릴 때 자장가로 들려주던 음악이었는데 그 고상한 귀에 듣기 좋으셨던 모양이다. 이만하면 되었다. 마당쇠는 마당쇠이므로.

마당쇠를 때린 다음날 너무도 미안해 마당쇠가 좋아할 만하고 나도 좋아할 만한 음식을 만들어 나눠먹었다. 바로 북어죽이었다. 불린 북어와 쌀을 들기름에 볶고 물을 넣어 쌀이 불 때까지 끓인 뒤 달걀을 풀어 넣은 죽이었다. 마당쇠는 그대로 식혀 먹이고 나는 달래간장을 얹어 먹었다. 어쩌면 공존이란 같은 북어죽에 달래간장을 얹어 먹느냐 그대로 먹느냐의 아주 단순한 다름 안에서 서로의 만족을 찾는 과정과 과정과 과정의 과정일지도 모른다.

어정칠월 건들팔월

본격적으로 여름이 시작되던 6월 말부터 막바지 무더위가 기승을 부리는 오늘까지 도시를 벗어나지 못하고 지냈다. 휴일 없이 일했고 휴가라는 건 생각도 하지 못했다. 창밖으로 보이는 작은 공원에 서 있는 나무들은 두 달 전이나 오늘이나 별반 다름없이 푸르기만 하고 들숨으로 들어오는 공기는 두 달 전이나 오늘이나 여전히 무덥고 불쾌하기만 하다. 그렇게 식당을 찾는 사람들에게 밥 차려주며 여름을 견뎌내다 어제 오후 한가한 시간에 짬을 내 도시를 빠져나갔다.

　산업도로에서 보이는 호남평야는 그저 푸른 것으로만 보였는데 국도로 내려와 한적한 농로로 접어들었을 때 그저 무덥기만 한 여름날이 아니란 걸 알 수 있었다. 농로 옆으로 펼쳐진 들판엔 이삭이 패고 여문 벼 모가지가 꺾여 있었다. 무작정 차를 세웠다. 어서 바삐 일을 보고 식당으로 돌아가야 했지만 차를 멈춰세우고, 다급한 내 마음을 멈춰세우고, 바쁘게 돌아가는 것처럼 보이지만 아무런 변화도 없는 도시의 시간을 멈춰세웠다.

'5분만.'

햇살을 막아줄 나무그늘 하나 없는 들길에 차를 세웠다. 햇살은 지독하게 따가웠어도 들에서 일어선 바람은 햇살을 견딜 수 있을 만큼 선선했다. 시간이 멈춰버린 도시의 풍경과 달리 여름을 먹고 자란 벼의 모가지는 꺾이고 있었다. 바람이 일어 들판을 쓰다듬으면 나락 모가지들이 일제히 건들건들 춤을 추며 놀았다. 이삭의 춤이 시계추처럼 보였고 익어가는 들판이 달력처럼 보였다.

자연을 시계 삼아 살아가는 사람들의 시간은 시계와 달력을 보고 살아가는 사람들과는 사뭇 다르다. 가령 시계를 보지 않아도 "분꽃 폈응게 밥 혀야겄다"라든가 "제비 왔응게 모 심어도 쓰겄네"라고 말한다. "나락 모가지 꺾어졌응게 제아무리 더워도 가실은 가실"일 테고 여린 쑥 고개 내밀면 아무리 매서운 추위라도 '다 갔구나' 생각하며 안심하곤 한다.

어정칠월 건들팔월이란 장담이자 안심이다. 아무리 더위가 기승을 부려도 선선한 바람이 불어올 것임이 분명하다는 장담이고, 열심히 키운 나락 모가지 꺾였으면 내 힘 들이지 않아도 저 알아서 여물어갈 것이라는 안심에서 생겨난 말이자 마음의 춤일 것이다. 그러나 나는, 도시에서 살아가는 나는 어정거리고 건들거릴 여유가 없다. 장담할 수 없고 안심할 수도 없다. 두 달 전이나 오늘이나 눈앞에 보이는 풍경에는 아무런 변화가 없고 여전히 무더우므로 붙들고 늘어지는 건 기상청뿐이다. "시원해지기는 개뿔"이라며 이죽거리거나 "또 거짓말이네"라며 빈정거린다.

　'에라 이놈아. 촐랑방정 그만 떨어라. 나락 모가지 꺾였다.'

　전남 보성 득량 사는 농부가 다녀갔다. 지난겨울 다녀가고 여덟 달 만에 다시 보는데 얼굴은 청동빛으로 그을리고 눈이 퀭하다. 몸은 마르고 머리카락은 검은머리 반, 흰머리 반이다. 그를 처음 만난 건 재작년 딱 이맘때였다. 득량만 방파제에서 어정거릴 때 농부는 건들거리며 나에게 다가왔다. 봄부터 이맘때까지 농사지어놓고 나락 모가지 꺾이자 안심한 거다. 부인과 함께 바닷바람을 쐬러 나온 그의 낯빛은 편안해 보였다. 올해는 그해보다 무더워서였는지 수척하고 지쳐 보였지만 식당을 찾은 그의 눈빛은 그해와 다름없이 편안해 보였다.

군산 사는 어미도 며칠 전 다녀갔다. 득량 농부나 다름없이 그을리고

마르고 볼품없다. 안 그래도 작은 사람인데 살 빠지고 그을리자

꼬부랑 할매나 다름없다. 그럼에도 눈빛은 편안하다. 농사 다 지어놓은 거다.

여름내 풀 매고 북돋워주고 거름 지어 날라 키워냈을 것이다.

군산 사는 어미도 며칠 전 다녀갔다. 득량 농부나 다름없이 그을리고 마르고 볼품없다. 안 그래도 작은 사람인데 살 빠지고 그을리자 꼬부랑 할매나 다름없다. 그럼에도 눈빛은 편안하다. 농사 다 지어놓은 거다. 여름내 풀 매고 북돋워주고 거름 지어 날라 키워냈을 것이다. 더위에 녹아내린 몸이 거름 되어 뜨거운 해 받아 반짝반짝 윤기 흐르는 참깨, 콩, 호박 되었을 것이다. 그것들 거둬들이기 전에 잠시 쉬어가는 참에 친구 보러, 자식 얼굴 한번 보러 다녀가신 게다. 그렇게 쉬고 몸에 기운 담아 수확을 마치면 그것으로 다시 살을 찌운다. 자신의 살을 녹여 키운 것들을 먹고 살을 찌워 이듬해 봄을 대비한다. 어미는 70년을 그리 살아왔다. 여름이면 살이 빠지고 겨울이면 살이 오르는 모습을 평생 지켜봤으니 그러려니 하지만 올해는 유난히 수척하고 말랐다. 그만큼 무더웠던 날들을 견디며 키워내느라 살이 녹고 머리가 세었을 것이다.

가을이라 부르기 무색하지 않을 들판에 서서 두 농부를 떠올렸다. 그렇게 몸을 녹여가며 농사지었을 사람들이 부럽고 또 부러웠다. 아무리 고생스러워도 반드시 결실을 맺는, 진리에 가까운 명징함을 눈으로 확인하고 안심하며 쉬어갈 수 있는 그들이 부럽기 그지없었다.

5분이 지났다. 담배 한 대를 피우고 전화기를 열어 시간을 본다. 늦었다. 겨우 5분에도 조바심이 난다. 조바심에 겨우 하루도 쉬어가지 못하고 조바심에 겨우 5분도 지체할 수 없다. 차에 오른다. 속도를 높인다. 지체한 5분을 속도로 만회하려 애쓴다. 헐레벌떡 도착한 나는 안심 대신 허무를 느끼며 의자에 앉아 냉수 한 컵을 들이켠다. 안심과 허무는 어쩜 그리도 닮은 반대꼴일까.

고향 친구가 도시에서 살아가는 나를 보며 이렇게 말했다.

"반평생을 도시에서 살았으면서 우리는 어쩌자고 그렇게 약삭빠르지 못하고 느려터진 게냐. 착해빠져가꼬…."

"태생이 촌노메 새끼들이라 그렇지. 촌것들이 다 그렇지."

겨우겨우 견뎌낸다. 촌것들이 참고 견디는 건 또 잘한다.

네 맛대로 살아라

초판 1쇄 발행 2017년 7월 20일

지은이 전호용
펴낸이 안병률
펴낸곳 북인더갭
등록 제396-2010-000040호
주소 410-906 경기도 고양시 일산동구 고봉로 20-32, B동 617호
전화 031-901-8268
팩스 031-901-8280
홈페이지 www.bookinthegap.com
이메일 mokdong70@hanmail.net

ⓒ 전호용 2017
ISBN 979-11-85359-25-0 03590

이 도서의 국립중앙도서관 출판예정도서목록(CIP)은
서지정보유통지원시스템 홈페이지(http://seoji.nl.go.kr)와
국가자료공동목록시스템(http://www.nl.go.kr/kolisnet)에서 이용하실 수 있습니다.
(CIP제어번호: CIP2017015990)